U0888869

Practical Cases of Real World Study for Medical Devices
(2025 Edition)

医疗器械真实世界研究实践案例

(2025年版)

国家卫生健康委医院管理研究所　组织编写
马丽平　冯靖祎　主编

化学工业出版社
·北京·

内容简介

在医疗器械产业高速创新的当下，传统临床试验难以全面反映产品在真实临床场景中的性能、安全性与有效性，真实世界研究成为连接产品上市与临床应用、推动监管模式向“全过程监管”转型的关键。《医疗器械真实世界研究实践案例（2025 年版）》精选“基于真实世界证据的医疗器械临床使用评价项目”中 23 项标杆案例汇编成册。全书按器械类型分为医用耗材类研究、医疗设备类研究、数字医疗技术类研究三大模块，覆盖介入类耗材、微创手术耗材、影像诊断设备、人工智能软件等领域。

本书实战性强，可为医疗机构、科研机构提供技术指引，助力临床医学工程人员提升研究能力，为医保部门与医疗机构的医疗器械遴选采购提供科学支撑，推动医疗器械领域高质量发展。

图书在版编目（CIP）数据

医疗器械真实世界研究实践案例：2025 年版 / 国家卫生健康委医院管理研究所组织编写；马丽平，冯靖祎主编. -- 北京：化学工业出版社，2025. 11. -- ISBN 978-7-122-49515-0

Ⅰ. TH77

中国国家版本馆 CIP 数据核字第 2025XF4680 号

责任编辑：孙钦炜　宋林青　　装帧设计：史利平
责任校对：杜杏然

出版发行：化学工业出版社
（北京市东城区青年湖南街 13 号　邮政编码 100011）
印　　装：河北延风印务有限公司
710mm×1000mm　1/16　印张 12　字数 234 千字
2025 年 12 月北京第 1 版第 1 次印刷

购书咨询：010-64518888　　售后服务：010-64518899
网　　址：http://www.cip.com.cn
凡购买本书，如有缺损质量问题，本社销售中心负责调换。

定　　价：88.00 元

《医疗器械真实世界研究实践案例（2025年版）》编写组

主　编

马丽平　国家卫生健康委医院管理研究所
冯靖祎　浙江大学医学院附属第一医院

编　委（按姓氏笔画排序）

马博懿　武汉大学口腔医院
王　婷　内蒙古航天医院（内蒙古心脑血管医院）
王吉鸣　浙江大学医学院附属第一医院
田海娜　通辽市科尔沁区第一人民医院
成定胜　苏北人民医院
华　婷　浙江大学医学院附属儿童医院
刘　伟　襄阳市中心医院
刘雨田　呼和浩特市第一医院
闫慧芳　中日友好医院
李晓芳　西安市第三医院
吴吉敏　襄阳市中心医院
张　阳　山东大学齐鲁医院
张洁英　内蒙古自治区人民医院
张炳珍　国家卫生健康委医院管理研究所
张晓燕　内蒙古自治区人民医院
陈佳茜　四川大学华西医院
周朋超　济宁医学院附属医院
郑沁春　福建省立医院
贺　丹　内蒙古自治区人民医院
顾　伟　上海市胸科医院/上海交通大学医学院附属胸科医院
晏　玮　襄阳市中心医院
凌庆庆　南方医科大学南方医院
景传宝　日照市中医医院
潘燕君　浙江大学医学院附属第一医院
魏安海　中国人民解放军陆军特色医学中心

序

“循证决策，数据为基。”真实世界证据作为医疗器械临床评价的重要支柱，正深刻重塑医疗器械技术评估与管理的科学范式。在创新医疗器械加速涌现的今天，传统临床试验的局限性与真实医疗场景的复杂性形成鲜明对比。如何系统化收集、分析并转化海量临床使用数据为决策依据，已成为提升医疗质量、保障患者安全的关键课题。

医疗器械的真实世界研究绝非简单的数据堆砌，而是临床需求、技术特性与医疗场景的深度耦合。在真实世界证据的驱动下，对医疗器械的临床使用开展系统、科学的评价工作，不仅成为推动医疗器械产业技术升级与产品迭代的重要力量，也为医疗器械的持续优化提供了关键依据。随着医疗器械性能与安全性的不断提升，临床诊疗的精准性与有效性得以显著增强，进而更好地契合多样化的临床需求。这一良性循环既有助于提升整体医疗服务质量，也为患者安全提供了更加坚实的保障，最终实现产业发展与临床获益的双赢局面。当前行业面临三重挑战：多源异构数据的整合困境、临床实际与理论模型的偏差修正、证据转化为实践的效率瓶颈。本书依托国家卫生健康委医院管理研究所发起的“基于真实世界证据的医疗器械临床使用评价项目”，首次系统整合了全国范围内遴选出的 23 项标杆性研究实践案例。这些案例覆盖介入、微创、通路等高价值医用耗材领域，通过严谨的数据采集、清洗、分析，生动诠释了真实世界研究在医疗器械全周期管理中的落地路径。尤为可贵的是，部分案例中创新性地应用了临床-工程联合分析框架、卫生经济学多维评价等工具，既攻克了具体医疗器械的评估难题，更沉淀出可复用的方法论范式。建议读者不仅关注结论，更需体会研究者如何将复杂的临床变量转化为可量化指标，如何在数据噪声中捕捉信号，最终驱动诊疗路径优化与医疗器械迭代升级。

这些凝结临床专家、医学工程师及数据科学家智慧的成果，不仅为监管决策提供实证支撑，更搭建起了医工结合的桥梁。期待本书成为医疗管理者、临床研究者和医疗器械研发人员的案头参考书，推动中国医疗器械评价体系向更科学、更高效、更贴近患者的方向纵深发展。愿本书成为行业同仁破解现实难题的思维引擎，共同筑牢医疗器械安全有效的证据基石。

张宗久

2025 年 9 月

前言

当前，医疗器械产业创新迅猛，新技术、新产品层出不穷。传统的临床试验是产品注册上市的“金标准”，但医疗器械在真实临床环境下的实际性能、安全性及有效性评价亟需真实世界研究数据的支撑。医疗器械的真实世界研究是连接产品注册上市与临床广泛应用的关键桥梁，是连接医疗大数据与临床价值的核心纽带，是实现医疗器械管理从“门槛式监管”向“全过程监管”转变的必然要求。它对于保障患者安全、提升医疗质量、优化资源配置、驱动产业创新及完善监管体系都具有不可替代的战略意义。

2020 年，我单位启动“基于真实世界证据的医疗器械临床使用评价项目”，项目核心目标在于：通过理论培训、专家指导和评价实践相结合的方式，培训从事医疗器械遴选与采购工作的临床医学工程人员，培养具备实战能力的临床医学工程师，并开展基于真实世界证据的医疗器械评价项目，最终为医保部门和医疗机构的医疗器械遴选与采购提供科学支撑。为指导项目具体实施，保障评价工作的规范性与有效性，项目组于 2022 年出版《基于真实世界证据的医疗器械临床使用评价指南（2.0 版）》，旨在落实《医疗器械临床使用管理办法》要求，立足实际现状，解决突出问题，提升医用耗材临床使用治理能力。

截至 2025 年 9 月，项目已在全国范围内开展 6 场专题培训、 8 期课题申报和评审活动，累计汇聚全国 22 个省份自治区直辖市 100 余家医疗机构的 218 项医疗器械真实世界研究实践案例。经多轮专家盲审、方法学验证及临床价值评估，最终精选 23 项兼具科学性与实用性的标杆案例汇编成册，以期为开展医疗器械临床使用评价的医疗机构和第三方科研机构提供技术指引。

本书按研究器械类型分为三大模块：医用耗材类研究、医疗设备类研究和数字医疗技术类研究。其中，医用耗材类研究包括介入类耗材、微创手术耗材、血管通路耗材和其他专科耗材的实践案例；医疗设备类研究包括影像诊断设备和治疗监护设备的实践案例；数字医疗技术类研究则包括人工智能与软件的实践案例。本书案例大多采用以下框架呈现：项目背景→评价目标与内容→评价方法→评价结果→讨论与展望，并辅以可视化图表及关键指标解读，力求还原研究者的决策逻辑与实践经验。本书以案例为主，实战性强，期望通过高度沉浸式的案例教学，提升行业内相关人员开展高质量真实世界研究的能力，希望能成为连接基于真实世界证据的医疗器械临床使用评价指南与具体项目执行的桥梁。

谨向国家卫生健康委医院管理研究所的指导专家、各参研医疗机构团队致以崇高敬意。特别感谢评审专家组在方法论严谨性与临床相关性上的严格把关。本书成果源于真实医疗场景的集体智慧，但受限于数据时效性与案例特异性，具体应用时需结合实际情况辩证参考。盼业界同仁共同拓展这一领域的知识边界，让真实世界证据真正成为医疗技术进步的加速器！

马丽平

2025 年 9 月

目录

第一部分
医用耗材类研究

第一章 介入类耗材

案例1 基于真实世界数据的弹簧圈临床应用评价

1.1 项目背景

弹簧圈系统由弹簧圈、递送丝、导引鞘和旋转止血阀组成，广泛应用于颅内动静脉血管栓塞、外周动静脉出血、动静脉畸形、动静脉瘤瘤腔的栓塞。弹簧圈栓塞术可极大地避免或减少并发症的发生，有助于改善患者预后，更好地促进患者神经功能恢复，降低残疾程度，最大程度恢复生活自理能力。弹簧圈价格较高，单价为几千元甚至上万元，通常一次手术需要输送多个弹簧圈，以实现对动脉瘤的阻塞。弹簧圈的合理使用关系到医疗质量、医疗成本和人民群众的身体健康。因此开展弹簧圈临床使用评价，关注其安全性、有效性和经济性具有重要意义。

济宁医学院附属医院弹簧圈年使用量为1500余个，总金额为1300余万元，针对弹簧圈的临床使用评价具有广泛的研究基础。使用产品包括进口品牌和国产品牌，其中以进口品牌为主，国产弹簧圈使用占比仅为20%。进口品种单价高，临床使用却更为广泛，医院也引进了价格较低的国产品种，但临床使用占比不高，这一现象是产品质量所致还是存在其他原因，目前尚不清晰。随着病种分值（DIP）支付改革政策落地，医院成本控制压力显著增加，弹簧圈系统作为医院耗材支出中的一项主要内容，也已成为医院主要研究的一项工作。

1.2 评价目标与内容

1.2.1 评价目标

①国产弹簧圈品种与进口弹簧圈品种的安全性和有效性对比分析；②国产弹簧

圈品种与进口弹簧圈品种的卫生经济性对比分析；③促进相关病种弹簧圈的临床用耗成本降低；④促进国产医用耗材产品规格的改进与提升。

1.2.2 评价内容

弹簧圈系统的临床应用情况见表 1-1-1。

表 1-1-1　弹簧圈临床应用情况

主要诊断名称	病例数
I67.100x016-颈内动脉眼动脉段动脉瘤	89
I67.103-后交通动脉瘤	26
I67.110-颅内动脉瘤	14
I67.107-前交通动脉瘤	8
I67.100x015-颈内动脉床突段动脉瘤	7
I67.100x014-颈内动脉海绵窦段动脉瘤	5
I67.100x010-颅内多发动脉瘤	4
I67.108-大脑中动脉瘤	3
I67.100x011-脉络膜前动脉瘤	2
I67.105-基底动脉瘤	1
I67.100x001-脑动脉瘤	1
I67.100x029-小脑前下动脉动脉瘤	1
I67.100x021-大脑前动脉近侧段(A1)动脉瘤	1
I67.100x007-海绵窦动静脉瘘	1
I67.106-颈内动脉海绵窦瘘	1
I67.100x041-大脑动脉瘤	1
I67.100x043-后交通动脉动脉瘤	1

当前临床使用国产弹簧圈品种时，其主要作为辅助应用，即在较大腔体的动脉瘤治疗中，作为进口弹簧圈品种的补充产品使用。因此，本课题主要研究思路包括：选择国产弹簧圈品种应用相对广泛的 I67.1 脑动脉瘤，未破裂作为研究病种；按照临床应用的弹簧圈系统的国产与进口情况，将研究对象分为混搭组（国产品种与进口品种同时使用，84 例）和进口组（147 例），国产组因样本量过低（仅 4 例），暂不纳入研究；按照病例使用的弹簧圈数量情况，采用 1∶1 的倾向性评分匹配方法予以配对选择；对两组弹簧圈系统的使用情况从安全性、有效性、经济性等角度展开对比分析；通过匿名问卷等形式，收集临床对弹簧圈品种的评价反馈；根据获取的数据情况最后形成综合评价。

1.2.3　方案设计

①分析在用弹簧圈组成及适用范围，调研弹簧圈输送、解脱困难程度，弹簧圈提前解脱、解旋、逃逸以及推送杆扭曲断裂发生率；②分析弹簧圈术后患者平均住院日；③统计分析弹簧圈术后二次介入例数及比例；④统计分析弹簧圈术中不良事件例数及比例；⑤统计分析弹簧圈术中/后死亡例数及比例；⑥统计分析患者总费用及均次费用详情及弹簧圈费用占比，根据DIP术种分类，结合本地医保政策计算对应手术盈亏情况；⑦统计分析弹簧圈对应卫生材料费用及均次费用详情。

1.3　评价方法

1.3.1　文献分析法

了解弹簧圈的相关知识、适用范围和不同品牌产品的对比；了解弹簧圈有关临床知识，在此基础上确定评价的指标。

1.3.2　专家咨询法

以与专家面对面访谈的方式向介入放射科、神经内科、神经外科、急诊卒中中心和血管外科等科室的临床专家询问弹簧圈指标设置的合理性、可行性以及如何收集等问题。

1.3.3　统计分析法

使用EXCEL建立病历数据库，运用SPSS统计软件对数据进行描述性分析。采用卡方检验对两个样本率或构成比进行比较。

1.3.4　大数据分析评价法

利用济宁医学院附属医院医用耗材大数据分析平台获取相关数据，设计评价指标，进行评价。

1.4　评价结果

1.4.1　数据筛选与术式选择

将两组病例按照出院日期排序后，采用随机数原则，分别抽取50例（进口组）、51 例（混搭组）。抽样结果显示：两组患者在男女比例、年龄方面均较为相似，无明显差异（表 1-1-2）。

表 1-1-2　患者基线特征

基线特征项目	进口组	混搭组
病例数(n)	50	51
男/女	11/39	13/38
平均年龄/岁	61.34±15.66	59.38±10.62
主要诊断	I67.1 脑动脉瘤，未破裂	

1.4.2 结局指标

两组相关病例的弹簧圈解旋、滑脱、推送杆扭曲断裂的发生率和不良反应事件发生率均为 0。从主要的结局指标看，随机抽样两组病例，均未发生弹簧圈解旋、滑脱、推送杆扭曲断裂和二次手术、死亡事件，这反映出济宁医学院附属医院弹簧圈使用相关不良现象的发生率实际并不高；在次要结局指标中，从住院时长和手术时长看，进口组与混搭组的病例并无明显差异，但缺乏统计学证据（可能需更大样本进一步验证）；两组病例中弹簧圈的使用个数也无明显差异（表 1-1-3、图 1-1-1）。从经济角度分析，单纯使用进口弹簧圈与进口弹簧圈、国产弹簧圈混搭使用两种方案的患者总费用并没有明显差异（表 1-1-4、图 1-1-2～图 1-1-4）。从上述结论看，对于 I67.1 脑动脉瘤，未破裂病种，单纯使用进口弹簧圈或进口弹簧圈、国产弹簧圈混搭使用，在治疗效果、安全性、经济性方面均没有明显差异。

表 1-1-3　次要结局指标分组对比数据

次要结局指标	进口组	混搭组	χ^2 值	p 值
平均住院时间/d	5.15	5.72	−0.17	0.864
平均手术时长/min	144.26	130.92	1.15	0.255

表 1-1-4　用耗强度及费用分析

用耗强度及费用	进口组	混搭组	χ^2 值	p 值
均例弹簧圈使用数量/个	6.26	6.06	0.49	0.627
均例总费用/元	147161.26	140848.95	1.16	0.248
均例材料费/元	117111.46	103690.10	—	—
均例弹簧圈金额/元	46998.32	43315.08	1.19	0.237
均个弹簧圈费用/元	7507.72	7147.70	—	—

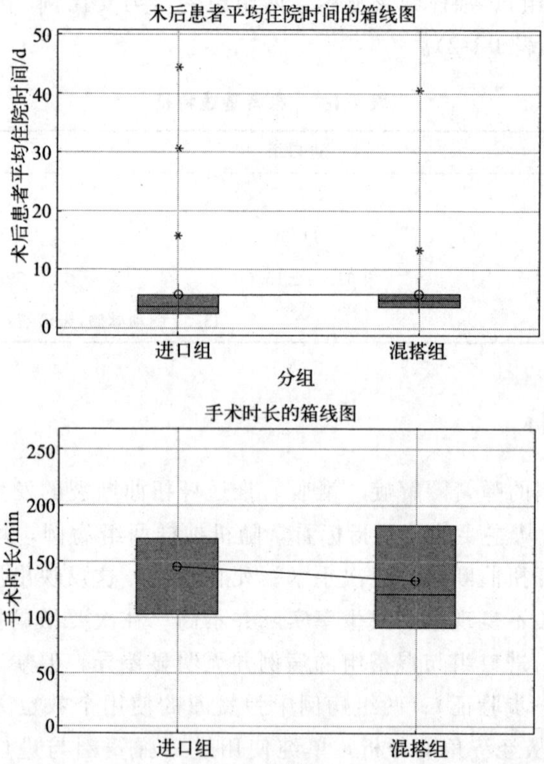

图 1-1-1 术后患者平均住院时间与手术时长箱线图

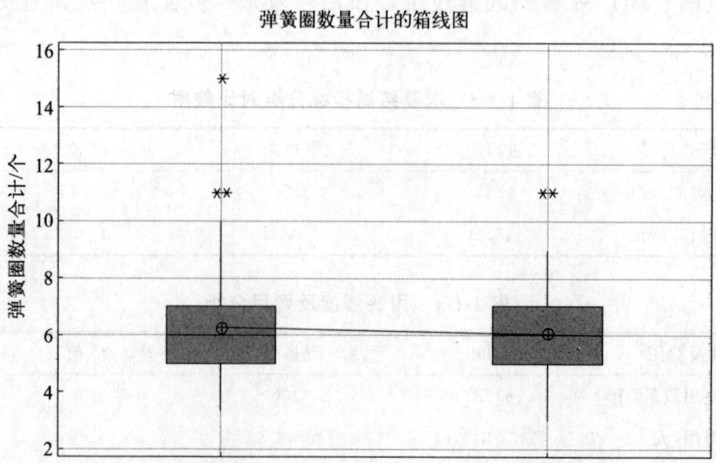

图 1-1-2 弹簧圈数量箱线图

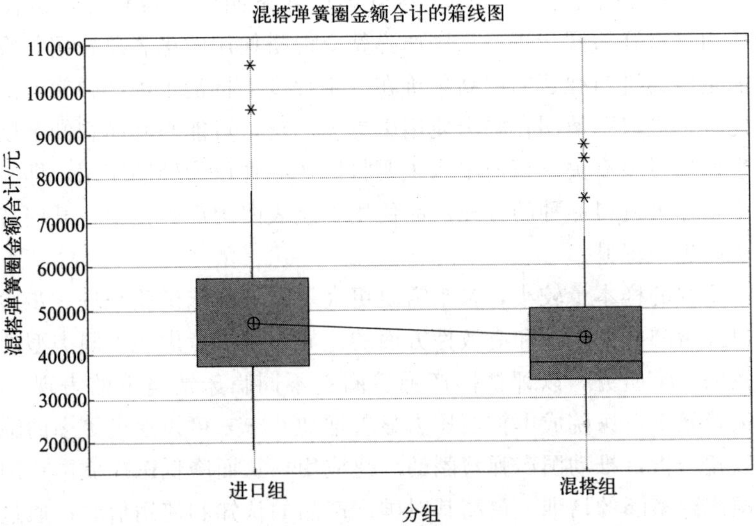

图 1-1-3　弹簧圈金额箱线图

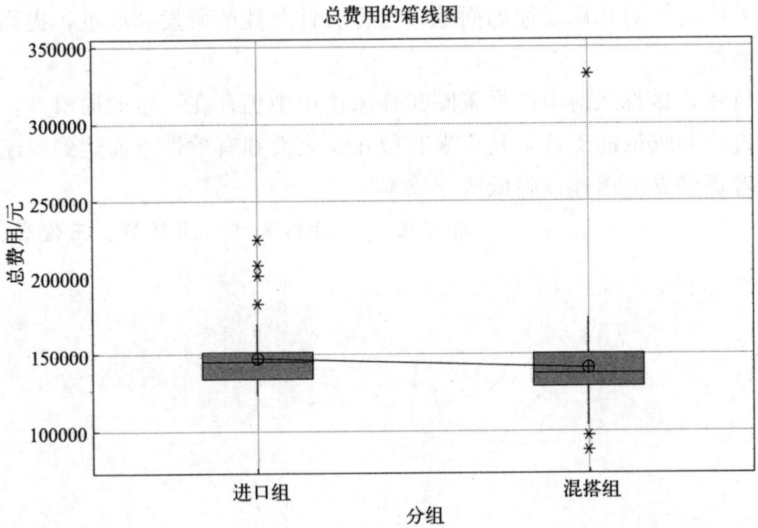

图 1-1-4　总费用箱线图

1.5　讨论与展望

从本研究的结果来看，国产弹簧圈与进口弹簧圈在安全性和有效性方面没有显著差异。两组病例在住院时长、手术时长、弹簧圈使用数量、总费用、材料费及弹簧圈金额等方面均无明显统计学差异。两组病例均未发生弹簧圈解旋、滑脱、推送杆扭曲断裂和二次手术、死亡事件。尽管国产弹簧圈的单价较低，但在实际使用中，单纯使用进口弹簧圈与进口、国产弹簧圈混搭使用的患者总费用并没有明显差异。这可能是因为进口弹簧圈的高单价在一定程度上抵消了国产弹簧圈的低单价带来的成本优势。进口弹簧圈在临床使用中更为广泛，可能与其品牌知名度、技术成熟度和医生使用习惯有关。当前临床主要将国产品种作为辅助应用，即在较大腔体的动脉瘤中，作为进口品种的补充产品使用，这表明国产弹簧圈在某些特定情况下仍需进一步改进和提升。

由于本研究的样本量较小，未来需要更大规模的临床试验来进一步验证国产弹簧圈与进口弹簧圈在安全性和有效性方面的差异。可以考虑在不同类型的动脉瘤中进行更细致的分类研究，以评估国产弹簧圈在不同临床情境下的表现。在 DIP 支付改革政策背景下，医院成本控制压力显著增加。未来可以通过更多的临床使用评价和成本效益分析，推动国产弹簧圈的广泛应用，从而降低医疗成本；加强对临床医生关于国产弹簧圈的培训，提高其对国产产品的认知和使用信心；通过学术交流和临床示范，推广国产弹簧圈的临床应用，逐步改变医生对进口产品的依赖。国产弹簧圈生产企业应持续进行技术创新和产品改进，提升产品质量和性能，缩小与进口产品的差距，针对临床反馈的问题，进行有针对性的研发和改进，提高产品的适用性和可靠性。

综上所述，尽管当前国产弹簧圈在临床使用中仍存在一定的局限性，但随着技术的不断进步和政策的支持，其未来有望在安全性和有效性方面达到或超越进口产品，为患者提供更多选择，降低医疗成本。

（济宁医学院附属医院　周朋超、王俊寰、范琳琳）

案例 2　基于真实世界数据的棘突球囊和切割球囊应用于冠状动脉中重度狭窄介入治疗的临床使用评价对比研究

2.1　项目背景

近年来心脏病一直处于我国居民主要疾病死因的前五位，且发病率逐年上升，2021 年升至 25.64%，超过恶性肿瘤成为我国居民主要疾病死因的第一位，其中，冠心病占据了心脏病致死率的 42.55%。冠心病（coronary heart disease，CHD）是冠状动脉（后简称为冠脉）血管发生动脉粥样硬化病变造成动脉腔狭窄、血流受阻致使心肌缺血缺氧甚至导致坏死的疾病，好发于中老年、吸烟、高血压及糖尿病人群。CHD 的诊断与治疗已成为临床诊疗研究关注的重点。经皮冠状动脉介入治疗（percutaneous coronary intervention，PCI）是临床常见的 CHD 治疗方法，主要通过经心导管技术疏通狭窄甚至闭塞的冠状动脉管腔，达到改善心肌的血流灌注的目的。冠脉介入球囊在临床广泛应用于冠状动脉相关病变的治疗及辅助治疗，特别是冠心病治疗的 PCI 与经皮腔内冠状动脉成形术（PTCA）术式中。

随着各类血管介入治疗术式的日益成熟，球囊类医用耗材也推陈出新，在产品设计、产品结构、材质等方面不断发展，出现了不同类型的球囊类产品。上市的球囊类产品，根据其压力大小可分为高压型球囊与低压型球囊；根据其设计特点可分为整体交换型球囊与快速交换型球囊；根据其功能可分为扩张球囊、切割球囊、棘突球囊、灌注球囊、载药球囊、聚力球囊等；根据其适用范围可分为冠脉介入球囊与外周血管介入球囊。

以医院为例，近年来，冠脉介入类耗材占医院植入介入类高值耗材用量的 30%以上（图 1-2-1），球囊类医用耗材占冠脉介入类耗材的 35%左右（图 1-2-2），球囊类医用耗材成为医院临床用量大、安全性要求高、风险较大的介入类耗材之一。其中，切割球囊与棘突球囊近年来成为医院 PTCA 预处理常用耗材。

切割球囊（cutting balloon）是由 3 组或 4 组不锈钢刀片纵向安装在球囊上，将切割球囊输送到病变部位并对其加压后可精确锚定病变部位，通过加压扩张使钙化血管斑块产生疲劳裂纹或断裂，从而增强病变血管段顺应性；棘突球囊（lacrosse balloon）在球囊表面间隔设置有三条尼龙棘突棱，加压扩张同样有助于使钙化斑块形成裂隙。可见二者均可有效形成斑块裂缝，防止球囊滑脱，进而获得更

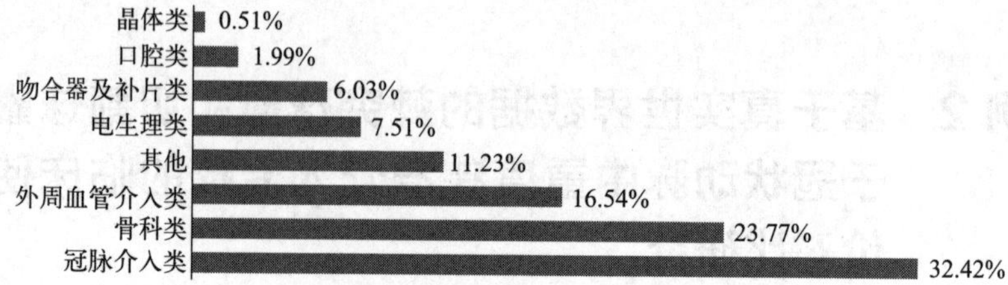

图 1-2-1 医院各类植入介入类高值耗材使用量比例

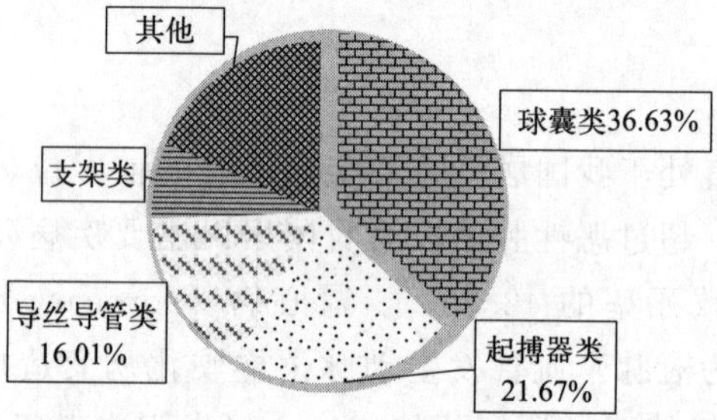

图 1-2-2 冠脉介入中各类耗材使用量比例

好的扩张效果。

2.2 评价目标与内容

2.2.1 项目目标

近些年，不断有临床学者对 PCI 术式中支架、球囊类介入耗材的临床应用进行研究，通过文献检索，发现学者们对支架、球囊类介入耗材的研究多集中于单种医用耗材治疗某一疾病的临床效果研究、两类介入类医用耗材分别治疗同一疾病的疗效对比研究、两类介入类医用耗材联合治疗某一疾病的临床效果研究等，对于不同功能的同类产品治疗同一疾病的对比研究较少。对比类研究科学评价两类耗材的相似性与差异性，对确保医疗器械使用安全有效有着积极作用。本研究基于真实世界数据，选取棘突球囊和切割球囊作为研究对象，研究两者应用于冠状动脉中重度狭窄介入治疗的临床效果对比、安全性对比、经济性对比，希望以相关数据研究结果作为科学依据，开展临床合理用械的相关规范指导工作，以达到提升高值耗材管理水平、提高医疗质量、合理控制医疗成本的目的。

2.2.2 项目内容

通过文献研究梳理了现阶段冠状动脉中重度狭窄介入治疗的常用手段，了解棘突球囊与切割球囊治疗冠状动脉中重度狭窄的结构差异和作用原理，然后采用真实世界数据的研究方法，调取 2020 年 1 月至 2022 年 12 月医院冠状动脉血运重建数据登记库中接受冠状动脉介入手术治疗的所有患者的相关资料，选取使用过切割球囊或棘突球囊的患者病历，了解患者疾病的诊断类型、严重程度、患者基本情况、使用棘突球囊/切割球囊情况、患者预后、出院费用等相关信息。采用回顾性分析，设置棘突球囊及切割球囊应用于冠状动脉中重度狭窄介入治疗的安全性指标、有效性指标、经济性指标，利用真实世界数据对切割球囊与棘突球囊应用于冠状动脉中重度狭窄介入治疗的安全性、有效性、经济性进行评估，运用统计学相关方法对结果进行分析，确定数据处理结果具有统计学意义并可作为科研成果。根据结果给出切割球囊与棘突球囊应用于冠状动脉中重度狭窄介入治疗在安全性、有效性、经济性方面的对比，给出临床选择建议及合理用械规范。

2.3 评价方法

2.3.1 文献循证研究

项目前期，对冠脉介入类球囊的临床应用进行了文献循证研究，对切割球囊与棘突球囊应用于冠状动脉中重度狭窄介入治疗的文献数据进行了系统性的研究。运用 VOSviewer 软件进行了文献可视化研究，分析出关键词下文献之间的关联关系，以已选文献为圆点出发，拓展与该文献相关的参考文献和引证文献；同时，展现所选文章的主题，以及各个主题之间的关系（图 1-2-3～图 1-2-5）。

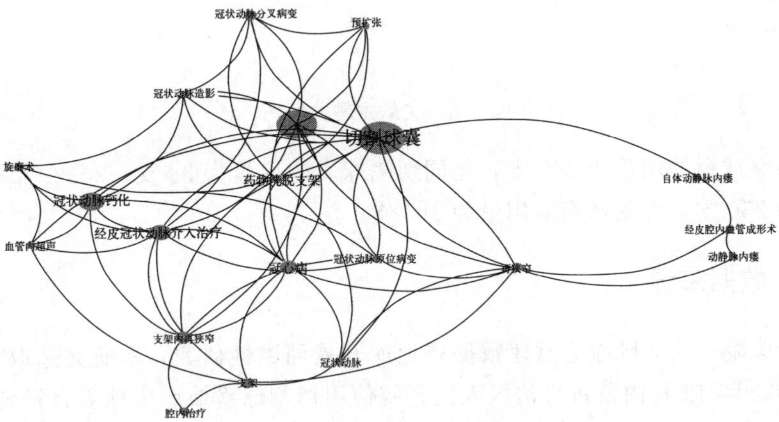

图 1-2-3　切割球囊相关文献主题关联图

2.3.2 研究对象

对内蒙古自治区人民医院 2020 年至 2022 年间切割球囊与棘突球囊使用量进行统计后，发现 2020 年棘突球囊的用量为 10 支，切割球囊的用量为 309 支；2021

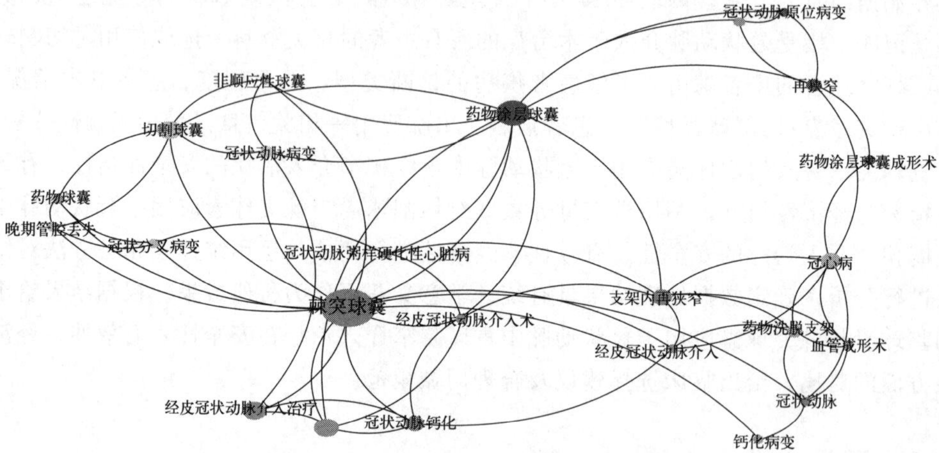

图 1-2-4 棘突球囊相关文献主题关联图

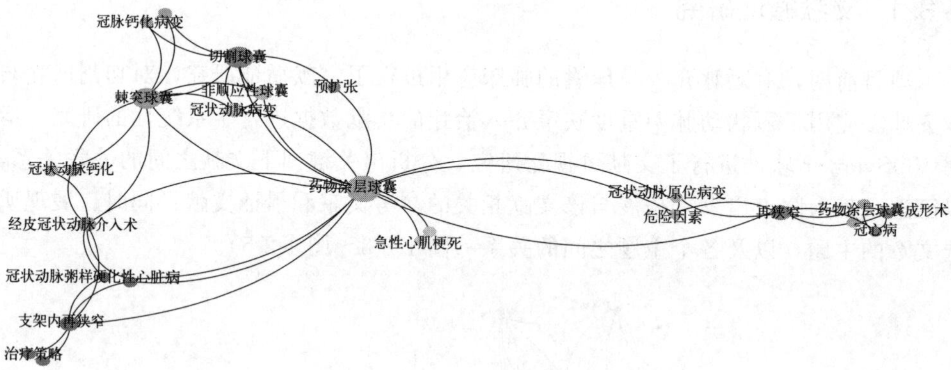

图 1-2-5 文献主题关联图

年相同棘突球囊的用量为 269 支，相同切割球囊的用量为 38 支；2022 年棘突球囊的用量为 250 支，切割球囊的用量为 396 支。

2.3.3 数据来源

基于医院冠状动脉血运重建数据登记库开展回顾性研究，本研究选取 2020 年 1 月至 2022 年 12 月内蒙古自治区人民医院使用切割球囊或棘突球囊且符合本研究设定的纳入标准和排除标准的 292 例冠心病患者。

纳入/排除标准如下。

① 纳入标准：年龄≥18 周岁，经血管造影确诊为冠状动脉病变的患者且缺血相关血管狭窄≥70%。

② 排除标准：具有 PCI 禁忌证的患者；预期寿命小于 1 年的患者；既往行外科搭桥术者；严重肝肾功能不足的患者。

2.3.4 建立研究队列与评价指标

对入组患者进行筛选，根据球囊类型的不同，将患者分为切割球囊组和棘突球囊组，对两组患者术后指标数据进行采集。按照文献循证、专家访谈法相关资料，从安全性、有效性、适宜性及经济性四个维度确定评价指标。

2.3.5 数据收集及统计分析

采用 SPSSAU 统计软件进行数据处理。其中，计量资料以均数（$\bar{x}$）和标准差（s）表示，符合正态分布及方差齐的数据，组间比较采用独立样本 t 检验；符合正态分布、方差不齐的数据运用方差对比分析；不符合正态分布及方差不齐的数据，组间比较运用非参数检验；计数资料用频数（n）和百分率表示，采用卡方检验。采用多因素 Logistic 分析影响观察指标的因素，$p<0.05$ 或 $p<0.01$ 时认为差异有统计学意义。

2.4 评价结果

2.4.1 评价指标的确定

结合文献及临床专家意见，初步确定评价指标共计 17 项，具体指标情况见表 1-2-1。

表 1-2-1 指标情况

一级指标	二级指标	定义
有效性指标	管腔狭窄率	管腔狭窄率=(参考段管腔 CSA−最小管腔 CSA)/参考段管腔 CSA×100% 应用的参考段可以是远端、近端或是平均参考段
	靶血管术后即刻狭窄程度	指靶血管术后最小管腔直径，以术后管腔狭窄率表示
	靶病变血运重建	针对靶病变的再狭窄或其他并发症所实施的靶病变再次经皮介入治疗或靶血管搭桥手术
	靶血管血运重建	指对靶血管的任何节段实施的再次经皮介入或旁路手术
	器械成功率	研究器械成功通过靶病变并完成扩张，且无补救器械使用的比例
	病变成功率	靶病变直径残余狭窄程度≤30%，TIMI 3 级的比例
	临床成功率	病变成功的基础上，无院内不良事件发生的比例
安全性指标	死亡率	指使用研究耗材后死亡病例占总使用病例的比例
	感染发生率	指医用耗材相关感染发生率
	不良反应事件及安全事件发生率	指在正常使用情况下发生的，导致或者可能导致人体损伤的各种有害事件的发生率

续表

一级指标	二级指标	定义
经济性指标	患者治疗过程中的医疗总费用	指患者人均住院期间的医疗总费用
	医用耗材费用/总费用	指患者使用医用耗材的费用和总费用的比值
	人均住院时间	指患者人均住院时间
	人均手术时间	指患者人均手术花费时间

注：CSA 为横截面积，TIMI 为心肌梗死溶栓治疗。

2.4.2 基线资料情况

对切割球囊组 150 例患者和棘突球囊组 142 例患者的临床基础资料进行分析，结果显示两组患者在年龄、性别、既往史、临床诊断、靶病变部位方面均没有明显差异（见表 1-2-2）。

表 1-2-2 患者基线资料情况

项目		棘突球囊组($n=142$)	切割球囊组($n=150$)
年龄/岁($\bar{x}\pm s$)		59.068±11.460	60.902±9.544
性别	女[n(%)]	52(36.62%)	49(21.31%)
	男[n(%)]	90(63.38%)	101(78.69%)
高血压[n(%)]		36(25.35%)	45(30.00%)
糖尿病[n(%)]		22(15.49%)	25(16.67%)
既往 PCI[n(%)]		39(27.46%)	62(41.33%)
既往心肌梗死[n(%)]		32(22.54%)	34(22.67%)
冠状动脉粥样硬化性心脏病[n(%)]		85(59.86%)	91(60.67%)
不稳定型心绞痛[n(%)]		11(7.75%)	14(9.33%)
急性非 ST 段抬高型心肌梗死[n(%)]		10(7.04%)	8(5.33%)
稳定型心绞痛[n(%)]		6(4.23%)	11(7.33%)

2.4.3 安全性分析结果

从安全性指标分析结果看，切割球囊组有 4 例（2.67%）发生术中不良事件，棘突球囊组有 2 例（1.41%）患者死亡。对术中具体情况进行分析，切割球囊组在术中发生不良事件，出现球囊卡嵌等现象；棘突球囊组有 2 例患者死亡，验证得出死亡原因与棘突球囊无关，术中球囊已完成扩张。两组在器械设计、发生感染及安全事件发生率方面没有差异。综上所述，棘突球囊组在安全性方面优于切割球囊组（见表 1-2-3）。

表 1-2-3 安全性分析结果

项目	棘突球囊组($n=142$)	切割球囊组($n=150$)
死亡[n(%)]	2(1.41%)	0(0.0%)

续表

项目	棘突球囊组(n=142)	切割球囊组(n=150)
术中不良事件[n(%)]	1(0.71%)	4(2.67%)
术中器械缺陷[n(%)]	0(0.0%)	0(0.0%)
发生感染[n(%)]	0(0.0%)	0(0.0%)
安全事件发生率[n(%)]	0(0.0%)	0(0.0%)

2.4.4　有效性分析结果

从有效性指标分析结果看，切割球囊组有 4 例（2.67%）患者术后随访中发生了心肌梗死，有 7 例（4.67%）发生靶血管再次血管重建。棘突球囊组未发生。术中经切割球囊或棘突球囊扩张后病变处狭窄残余均≤30%. TIMI 血流 3 级（见表 1-2-4）。

表 1-2-4　有效性分析结果

项目	棘突球囊组(n=142)	切割球囊组(n=150)
管腔狭窄率/%($\bar{x}\pm s$)	87±9	86±9
靶血管术后即刻狭窄程度/%($\bar{x}\pm s$)	10.35±2.20	7.66±1.80
靶病变血运重建[n(%)]	0(0.0%)	0(0.0%)
靶血管血运重建[n(%)]	0(0.0%)	7(4.67%)
心肌梗死[n(%)]	0(0.0%)	4(2.67%)
器械成功[n(%)]	142(100%)	146(97.33%)
病变成功[n(%)]	142(100%)	146(97.33%)
临床成功[n(%)]	140(98.59%)	146(97.33%)

2.4.5　经济性分析结果

从经济性指标分析结果看，棘突球囊组的人均医疗费用、人均住院日、人均手术时间均低于切割球囊组（见表 1-2-5）。

表 1-2-5　经济性分析结果

项目	棘突球囊组(n=142)	切割球囊组(n=150)
总费用/元	43252.387±21524.211	58104.142±23652.00
耗材费用/总费用/%($\bar{x}\pm s$)	15.3±7.0	13.0±5.4
手术时间/min($\bar{x}\pm s$)	58.847±32.783	85.852±32.728
住院天数/d($\bar{x}\pm s$)	8.322±3.521	9.131±7.593

2.5 讨论与展望

对棘突球囊组与切割球囊组治疗冠脉中重度病变的共292例患者（棘突球囊组142例、切割球囊组150例）进行回顾性队列研究，结果显示诊断为支架内再狭窄的患者，多选择使用切割球囊；从安全性评价方面，棘突球囊相对优于切割球囊；有效性方面，二者并无明显差异；从经济性评价方面，棘突球囊相对成本更低，效率更高。

本研究利用真实世界数据对切割球囊与棘突球囊应用于冠脉中重度狭窄介入治疗的安全性、有效性、经济性进行评估，运用统计学相关方法对结果进行分析，根据结果可形成医疗器械使用、风险/收益相关的临床证据，为临床选择及合理用械提供证据支持，为医院的监管决策奠定科学基础。

（内蒙古自治区人民医院 张洁英、李哲）

案例 3　基于真实世界数据的颅内支架辅助弹簧圈栓塞颅内动脉瘤的临床使用评价研究

3.1　项目背景

颅内动脉瘤是常见的脑血管病之一，其中，动脉瘤破裂引起的蛛网膜下腔出血是其最严重的并发症，发病率为 1%～7%，病死率约为 40%。近年来，随着神经介入材料的不断发展及神经介入技术的快速进步，支架辅助弹簧圈治疗颅内动脉瘤已广泛应用于临床，该治疗手段可以促进动脉瘤愈合并防止复发。颅内支架作为该类治疗的主要人体植入材料，是影响临床治疗效果与患者费用负担的主要因素之一。

3.2　评价目标与内容

3.2.1　项目目标

不同品牌颅内支架在材质、设计、价格等方面存在较大差异，但基于已有的研究，目前尚无法系统且规模化地评价市面上主流颅内支架品牌产品的临床使用效果。本项目拟通过对比研究两种品牌颅内支架的临床使用效果及经济性，为医疗机构采购遴选、临床选择及合理使用颅内支架产品，以及降低患者术后复发风险提供参考依据。

3.2.2　项目内容

本研究基于医院电子病历、物资管理系统等数据，对四川大学华西医院接受颅内支架辅助弹簧圈栓塞治疗的 150 例颅内动脉瘤患者进行回顾性研究，对比分析两种品牌支架辅助栓塞颅内动脉瘤的安全性、有效性和经济性，并探讨术后 12 个月动脉瘤是否复发的影响因素。

3.3　评价方法

3.3.1　一般资料

选取 2021 年 1 月至 2022 年 12 月四川大学华西医院收治的 150 例颅内动脉瘤患者作为研究对象，根据栓塞治疗使用的支架不同，将患者分为 A 组（n=93）和 B 组（n=57）。

纳入标准：符合《颅内动脉瘤血管内介入治疗中国专家共识（2013）》中诊断标准；经颅脑 CT、CT 血管成像（CTA）或数字减影血管造影（DSA）检查证实为颅内动脉瘤；患者无颅内新发梗死情况；2021 年 1 月至 2022 年 12 月期间，置入 A 品牌或 B 品牌单一品种颅内支架辅助弹簧圈栓塞治疗颅内动脉瘤。

排除标准：伴有其他神经系统疾病；疾病编码不完整，病案信息不全；费用逻辑不合理；缺乏一年内复查影像学结论。

3.3.2 观察指标

安全性指标：比较两组患者的手术相关并发症数据，包括术中出血、术中血栓形成、术后出血、术后脑血管痉挛、术后脑缺水、术后脑积水等。

有效性指标：术后即刻栓塞造影结果、术后 12 个月造影结果及术后 12 个月动脉瘤是否复发。

根据两组患者于术后即刻及术后 12 个月的 DSA 检查结果，采用 Raymand 分级标准判断动脉瘤栓塞情况：完全栓塞（动脉瘤完全不显影），近全栓塞（瘤颈残余小于 2mm），部分栓塞（瘤体内有造影剂显影）。影像学随访时，通过与前次影像学结果进行比较，判断患者动脉瘤稳定、复发、再生长情况。

经济性指标：包括支架费用、住院总费用。

3.3.3 统计学方法

采用 SPSS 29.0.1 软件进行统计学分析，计量资料以 $\bar{x} \pm s$ 表示，两组间比较采用 t 检验；计数资料以频数及百分率表示，比较采用卡方检验或 Fisher 精确检验。对术后 12 个月动脉瘤是否复发的影响因素进行 Logistic 回归分析。$p < 0.05$ 表明差异具有统计学意义。

3.4 评价结果

3.4.1 两组患者的基线特征比较

两组患者在年龄、性别、是否患高血压、是否患糖尿病、是否吸烟、术前颅内动脉瘤破裂情况、动脉瘤类型、动脉瘤大小及动脉瘤颈部宽度方面的差异均无统计学意义（$p > 0.05$），见表 1-3-1。

3.4.2 安全性分析

两组患者在术中出血、术中血栓形成、术后出血、术后脑血管痉挛、术后脑缺水以及术后脑积水发生情况方面，差异均无统计学意义（$p > 0.05$），见表 1-3-2。

表 1-3-1　两组患者的基线特征比较

项目	例数	年龄/岁 ($\bar{x}\pm s$)	性别 [n(%)] 男	性别 [n(%)] 女	是否患高血压 [n(%)] 是	是否患高血压 [n(%)] 否	是否患糖尿病 [n(%)] 是	是否患糖尿病 [n(%)] 否	是否吸烟 [n(%)] 是	是否吸烟 [n(%)] 否	术前动脉瘤是否破裂 [n(%)] 是	术前动脉瘤是否破裂 [n(%)] 否	动脉瘤类型 [n(%)] 前循环	动脉瘤类型 [n(%)] 后循环	动脉瘤大小 [n(%)] 小	动脉瘤大小 [n(%)] 中	动脉瘤大小 [n(%)] 大	动脉瘤颈部宽度/mm ($\bar{x}\pm s$)
A组	93	54.90±12.09	27 (29.0%)	66 (71.0%)	34 (36.6%)	59 (63.4%)	4 (4.3%)	89 (95.7%)	4 (4.3%)	89 (95.7%)	16 (17.2%)	77 (82.8%)	82 (88.2%)	11 (11.8%)	37 (39.8%)	53 (57.0%)	3 (3.2%)	4.30±1.95
B组	57	55.63±11.28	18 (31.6%)	39 (68.4%)	18 (31.6%)	39 (68.4%)	6 (10.5%)	51 (89.5%)	4 (7.0%)	53 (93.0%)	7 (12.3%)	50 (87.7%)	49 (86.0%)	8 (14.0%)	19 (33.3%)	37 (64.9%)	1 (1.8%)	4.44±1.55
统计值		-0.367^{a}	0.109^{b}		0.387^{b}		1.314^{b}		0.119^{b}		0.66^{b}		0.156^{b}		1.071^{b}			-0.462^{a}
p 值		0.714	0.741		0.534		0.252		0.731		0.417		0.693		0.585			0.644

注：a 为 t 值，b 为 χ^2 值。

表 1-3-2　两组患者的手术相关并发症发生情况

项目	例数	术中是否出血 [n(%)] 是	术中是否出血 [n(%)] 否	术中是否有血栓形成 [n(%)] 是	术中是否有血栓形成 [n(%)] 否	术后是否出血 [n(%)] 是	术后是否出血 [n(%)] 否	术后是否发生血管痉挛 [n(%)] 是	术后是否发生血管痉挛 [n(%)] 否	术后是否发生脑缺血 [n(%)] 是	术后是否发生脑缺血 [n(%)] 否	术后是否发生脑积水 [n(%)] 是	术后是否发生脑积水 [n(%)] 否
A组	93	3(3.2%)	90(96.8%)	2(2.2%)	91(97.8%)	6(6.5%)	87(93.5%)	1(1.1%)	92(98.9%)	1(1.1%)	92(98.9%)	2(2.2%)	91(97.8%)
B组	57	2(3.5%)	55(96.5%)	1(1.8%)	56(98.2%)	0(0%)	57(100%)	0(0%)	57(100%)	0(0%)	57(100%)	0(0%)	57(100%)
χ^2 值		0.000		0.000		2.335							
p 值		1		1		0.127		1		1		0.526	

3.4.3 有效性分析

根据两组患者于术后即刻、术后 12 个月造影结果，比较动脉瘤栓塞情况，两组差异均无统计学意义（$p>0.05$），见表 1-3-3、表 1-3-4 和表 1-3-5。

表 1-3-3 两组患者术后即刻造影示动脉瘤栓塞效果比较

项目	例数	完全栓塞[n(%)]	近全栓塞[n(%)]	部分栓塞[n(%)]
A 组	93	90(96.8%)	3(3.2%)	0(0%)
B 组	57	54(94.7%)	3(5.3%)	0(0%)
χ^2 值			0.036	
p 值			0.85	

表 1-3-4 两组患者术后 12 个月造影示动脉瘤栓塞效果比较

项目	例数	完全栓塞[n(%)]	近全栓塞[n(%)]	部分栓塞[n(%)]
A 组	93	91(97.8%)	0(0%)	2(0%)
B 组	57	56(98.2%)	0(0%)	1(0%)
χ^2 值			0.000	
p 值			1	

表 1-3-5 两组患者术后 12 个月造影示动脉瘤是否复发

项目	例数	未复发[n(%)]	复发[n(%)]
A 组	93	91(97.8%)	2(2.2%)
B 组	57	56(98.2%)	1(1.8%)
χ^2 值		0.000	
p 值		1	

对患者术后 12 个月动脉瘤是否复发进行单因素分析，结果显示，术前动脉瘤是否破裂、术后是否出血以及术后即刻造影结果 3 个特征因素，对患者术后 12 个月动脉瘤是否复发的影响有统计学意义（$p<0.15$）。以术后 12 个月动脉瘤是否复发作为因变量，以单因素分析有统计学意义的变量作为自变量，进行 Logistic 二元回归分析。结果显示，术前动脉瘤是否破裂与术后即刻造影结果是术后 12 个月动脉瘤复发的影响因素（$p<0.05$），见表 1-3-6。

表 1-3-6 影响患者术后 12 个月动脉瘤是否复发的多因素 Logistic 回归分析

自变量	回归系数	SE	Wald 值	p 值	OR(95%CI)
术前动脉瘤是否破裂	2.797	1.246	5.042	0.025	16.397(1.427～188.399)
术后是否出血	0.602	1.334	0.204	0.652	1.826(0.134～24.968)
术后即刻造影结果	−4.804	1.004	22.899	<0.001	0.008(0.001～0.059)

3.4.4 经济性分析

B 组患者的支架费用低于 A 组，差异有统计学意义（$p<0.05$）。而对两组患

者的住院总费用进行比较，差异无统计学意义（$p>0.05$），见表 1-3-7。

表 1-3-7　两组患者支架相关费用比较

项目	例数	支架费用/元($\bar{x}\pm s$)	住院总费用/元($\bar{x}\pm s$)
A 组	93	36220.33±6994.94	135141.95±44080.67
B 组	57	32527.93±11043.62	130607.71±38817.59
t 值		2.509	0.639
p 值		0.013	0.524

3.5　讨论与展望

本研究针对目前神经外科临床应用较为广泛的两种支架，对使用两种支架辅助栓塞动脉瘤的情况进行了比较，结果显示，在有效性和安全性指标方面，两组患者在手术相关并发症情况，术后即刻、术后 12 个月造影动脉瘤栓塞效果，以及术后 12 个月动脉瘤是否复发方面，差异均无统计学意义（$p>0.05$），这表明两种支架辅助弹簧圈栓塞治疗颅内动脉瘤的安全性与有效性大致相当。部分研究结论与本研究一致，如有学者回顾性分析了两种品牌支架辅助弹簧圈栓塞颅内宽颈动脉瘤(212 例)，A 支架组围手术期支架相关并发症发生率为 11.4%（10/88），B 支架组围手术期支架相关并发症发生率为 5.6%（7/124），两组比较差异无统计学意义（$p=0.131$）；术后即刻造影显示，A 支架组完全栓塞率为 77.3%（68/88），B 支架组完全栓塞率为 75.8%（94/124），两组比较差异无统计学意义（$p=0.83$）。又如，有学者报道了 96 例行 A 支架辅助弹簧圈栓塞颅内动脉瘤患者与 112 例行 B 支架辅助弹簧圈栓塞颅内动脉瘤患者的对比研究，两组患者手术相关并发症情况没有显著性差异。

差异无统计学意义的可能原因为两种支架在材质、设计、规格等方面具有各自的优势。A 支架是一种新型自膨式支架，由单个圆丝镍钛合金编织层组成，带有不透射线的近端/远端标记物和螺旋线，可实现全维可视化。A 支架的优点是能通过较小口径的微导管输送，有助于支架输送过程中的精准导航和放置；网孔较小（<0.9mm），能防止较小弹簧圈突入载瘤动脉及支架内；金属覆盖率（23%）较高于传统支架，具有一定的血流导向作用，有利于加快载瘤动脉附近的血管内膜重塑，提高致密栓塞率。B 支架是一种闭环设计的激光雕刻型支架，具有良好的顺应性及柔韧性。B 支架的优点在于网孔大小适中，既方便微导管引导输送，又可避免弹簧圈逃逸；其为闭环设计，受力均一，能稳定覆盖瘤颈，可避免弹簧圈逃逸，同时点负荷力更强，能够有效支撑弹簧圈。总体而言，A 支架与 B 支架在材质、设计等方面各有差异和优势，这可能使两者的使用效果差异并无统计学意义，同时都具备较好的安全性与有效性。

Logistic 回归分析显示，术前动脉瘤是否破裂与术后即刻造影结果是动脉瘤复发的影响因素。Raymond 等也认为术前破裂的动脉瘤较未破裂动脉瘤、术中未被完全栓塞的动脉瘤较被完全栓塞的动脉瘤，术后更易复发。术中未完全栓塞动脉瘤的患者应密切关注其手术预后，谨遵医嘱、坚持治疗并按要求配合定期随访，以预防动脉瘤复发。颅内动脉瘤破裂是自发性蛛网膜下腔出血最常见的病因，蛛网膜下腔出血会对中枢神经系统乃至其他系统造成严重损害，具有较高的致残率和致死率。因此，对于破裂动脉瘤应尽早进行干预，尽可能降低出血造成的一系列继发损害与动脉瘤复发风险。

经济性指标方面，B 组的支架费用低于 A 组，但从住院总费用来看，两组的差异无统计学意义（$p>0.05$）。这可能是由于两种品牌支架特性的差异，使用 B 支架的患者住院期间其他耗材费用、治疗费用高于使用 A 支架的患者。但现有数据未能体现两组患者住院期间其他费用差异的具体原因，有待进一步研究。

综上所述，A 支架与 B 支架辅助弹簧圈栓塞治疗颅内动脉瘤均具有良好的安全性和有效性。就医院管理与运营角度而言，采购遴选 B 支架具有更高的性价比；就临床角度而言，两种支架具有不同的特性与优势，应根据动脉瘤的具体情况、患者诉求、医生经验等对支架进行灵活适宜的个体化选择，以达到最佳治疗效果。

近年来，国家和地方出台了一系列政策，要求全面深入治理高值医用耗材，规范医疗服务行为，控制医疗费用不合理增长。2022 年，“重点监控高值医用耗材收入占比”被纳入国家三级公立医院绩效考核指标。此外，随着医药卫生体制改革的不断深入和疾病诊断相关分组（DRG)/DIP 医保支付方式的逐步推广实施，公立医院面临越来越大的成本管控压力，在保证医疗质量和患者安全的前提下，科学合理地控制医疗费用，是每一家公立医院亟需思考的难题。基于真实世界数据的医用耗材临床使用评价，有利于加强医用耗材精细化管理水平，降低医院运行成本，提升医疗服务质量和患者满意度。因此，从医院整体管理与运营角度出发，应建立和完善医用耗材准入体系，基于客观性指标，科学合理地评估、准入医用耗材。在保证临床需求的前提下，对于同类医用耗材，合理控制常规在院品牌数量，有效管控医院管理成本、减轻库存压力。

此外，本研究仍存在以下几点局限性：①本研究为单中心回顾性研究，样本可能存在偏倚性，结论需通过更多大样本随机对照的多中心研究来证实；②在回顾性查阅医院信息系统（HIS)、物资管理系统获取患者病历数据时，人工工作量较大，难免出现遗漏或误差；③部分期望统计的分析指标存在缺失值，剔除缺失值样本后，样本量大大减少，研究结论可能受到影响。

（四川大学华西医院　陈佳茜、王狄佳、罗冰洁）

案例4 基于真实世界数据的药物涂层球囊治疗冠脉支架内再狭窄病变的临床使用评价

4.1 项目背景

经皮冠脉介入术（percutaneous coronary intervention，PCI）是治疗冠心病的有效手段之一，能够很好地降低急性冠脉综合征患者死亡和心肌梗死的发生率，但PCI术后仍有支架内再狭窄（in-stent restenosis，ISR）发生，这也是心血管领域的重要临床问题。而金属裸支架、药物洗脱支架（drug-eluting stent，DES）虽解决了PCI术后的早期血管弹性回缩问题，降低了支架内再狭窄的发生率，但存在支架植入术后的再狭窄、支架内血栓形成等问题。药物涂层球囊（drug-coated balloon，DCB）的设计理念为介入无植入，其作用机制是将抗增殖药物涂于球囊表面，球囊扩张与血管壁内膜接触时，加压快速释放药物，使药物在损伤处被均匀释放，加速血管壁愈合，防止平滑肌细胞增殖。随着PCI技术的不断发展，药物涂层球囊的上市与临床使用，推动了“介入无植入”时代的发展。目前，已有多款国产和进口的DCB产品上市，其有效避免永久植入物的风险和缺点，药物分布更均匀，缩短术后双联抗血小板药物用药时间等优势显著。

根据《药物涂层球囊临床应用中国专家共识》，DCB可以治疗由于冠脉小血管疾病、支架内再狭窄及分叉病变引起的稳定型心绞痛、不稳定型心绞痛、陈旧性心肌梗死、经证实的无症状心肌缺血或已稳定的急性心肌梗死等。目前，已上市的DCB产品种类较多，药物涂层多数以紫杉醇为基础。紫杉醇脂溶性良好，抗增殖作用稳定。紫杉醇DCB释放药物时，球囊贴覆于血管壁，提供了充分的药物接触，使脂溶性的紫杉醇能被血管壁组织迅速摄取。

2017年美国食品药品监督管理局（Food and Drug Administration，FDA）发布的《使用真实世界证据支持医疗器械的监管决策指南》中指出，真实世界证据（real-word evidence，RWE）是从真实世界数据（real-world data，RWD）分析中所获得的与医疗产品应用、潜在利益或风险相关的临床证据。在适当条件下，RWE可支持医疗器械监管决策。医疗机构应当按照国家有关规定，开展医疗器械临床使用评价工作，重点加强医疗器械的安全性、有效性、经济性、适宜性和可及性等方面的评价，并将评价结果作为本机构医疗器械遴选、采购、使用和退出的重要依据。2021年，国家药品监督管理局药品评审中心发布了《用于产生真实世界证据的真实世界数据指导原则（试行）》，明确我国真实世界数据的来源主要包括医院信息系统（hospital information system，HIS）数据、医保支付数据、登记研究数据等。2022年初，内蒙古地区开始对DCB的集中带量采购（简称集采）工作，其价格大幅下降，临床需求得到有效满足。尽管已有研究证实DCB在ISR中的应用具有可接受的疗效和较好的安全性，但不同DCB产品的涂层工艺、药物剂量与释放等性质不同，这些产品在疗效方面是否存在差异仍是关注的焦点。故本项目拟回顾性分析真实世界中不同紫杉醇DCB在治疗冠脉支架内再狭窄病变中的安全性、有效性等相关指标，为临床工作提供参考。

4.2 评价目标与内容

4.2.1 项目目标

多维度评价紫杉醇DCB，尤其针对其治疗冠脉支架内再狭窄病变的过程，以期更好地指导其临床使用，并为不同厂家产品疗效提供更多数据支持。通过真实世界数据的研究，了解内蒙古自治区人民医院DCB遵照《药物涂层球囊治疗冠心病最新专家共识》的使用情况，深入了解临床使用DCB的决策及术式制定，更好地提高手术成功率，并为心血管类介入、植入高值医用耗材的临床使用评价工作提供参考。

4.2.2 项目内容

由于人口统计学差异性、手术技术条件及是否获得有效的随访等方面的因素，本研究拟采用真实世界研究的方法，对收集到的紫杉醇DCB治疗冠脉疾病的真实世界数据进行安全性、有效性及经济性研究。按照循证医学的PICO原则对研究内容进行分解，本研究的研究对象（P）为冠脉疾病（支架内再狭窄病变）患者，干预（I）为病变处用国产紫杉醇DCB处理，对照（C）为病变处用进口紫杉醇DCB治疗，结局（O）为术后8个月～2年的主要不良心血管事件(major adverse cardiac events，MACE)、靶病变血运重建、靶病变失败等情况及患者的医疗费用等。

本研究回顾性分析了内蒙古自治区人民医院心血管内科2018年1月至2022年6月期间行冠状动脉造影检查，明确诊断为冠脉支架内再狭窄病变且行PCI治疗的患者的数据，根据使用的紫杉醇DCB品牌，将患者分为国产组和进口组（技术路线图见图1-4-1）。

纳入标准：

① 患者由于冠脉狭窄既往已植入支架治疗，本次出现支架内再狭窄病变；

② 年龄＞18岁；

③ 再狭窄支架直径为2.5～4.0mm，狭窄病变长度不超过30mm；

④ 术前直径狭窄必须≥70％。

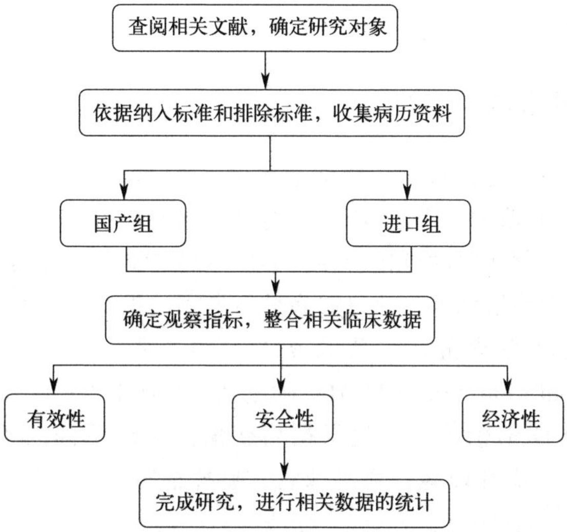

图 1-4-1 技术路线图

排除标准：

① 发生支架内再狭窄后已行冠状动脉搭桥术（CABG）治疗的患者；

② 靶血管内广泛血栓证据；

③ 严重的瓣膜性心脏病；

④ 同次介入治疗既使用国产 DCB 又使用进口 DCB 者；

⑤ 临床随访资料不全。

评价指标：

①安全性指标：a. 与 DCB 相关的心血管临床复合终点，包括心源性死亡、靶病变心肌梗死、靶病变血运重建。b. 与患者相关的心血管临床复合终点，包括全因死亡、所有心肌梗死及任何再次血运重建。c. 支架内血栓事件，包括急性、亚急性、晚期的明确的和很可能的血栓事件。②有效性指标：a. 临床成功，即在病变成功的基础上，患者住院期间未发生缺血导致的主要不良心血管事件。b. 病变成功，即经介入治疗后，靶病变最终目测直径残余狭窄程度≤30%；TIMI 血流 3 级；无血栓或需干预的夹层。c. 靶病变血管重建发生率，即支架内再狭窄病变经过 DCB 治疗后再次出现再狭窄情况的比例。d. 再狭窄率，即靶病变节段内发生再狭窄，且直径狭窄程度≥50%的患者比例。③经济性指标：a. 研究周期中患者的各项医疗费用，包括 DCB 在总费用中的比例等。b. 术后 6 个月～1 年的冠脉相关介入处理情况的效果及产生的费用，进一步评估紫杉醇 DCB 的经济性。

4.3 评价方法

4.3.1 数据检索方法

检索医院信息系统相关数据，收集患者基线资料，包括年龄、性别、既往史（糖尿病、高血压、心肌梗死等）、心绞痛情况、支架植入史等。所有患者均签署知情同意书，患者桡动脉或股动脉作为穿刺部位，通过造影确定病变部位，给予预扩张处理。按照《药物涂层球囊治疗冠心病最新专家共识》的标准，要求预处理后满足：①预扩张球囊扩张充分；②残余狭窄＜30%；③心肌梗死溶栓（thrombolysys in myocardial infarction，TIMI）血流达 TIMI 3 级；④无血流限制的夹层出现，则可以选择 DCB 治疗。医生根据病变情况采取不同的预扩张方式，包括采用棘突球囊、非顺应性球囊、切割球囊、血栓抽吸、耐高压球囊等。

4.3.2 统计学方法

本研究采用 SPSS 23.0 统计软件进行数据分析，符合正态分布的计量资料以均数±标准差（$\bar{x} \pm s$）表示，组间比较采用独立样本 t 检验，具体内容包括心肌酶、血脂、靶病变情况等；计数资料以频数（百分数）进行描述，采用卡方检验，如性别、既往史及心绞痛分型等。以 $p<0.05$ 为差异有统计学意义。

4.4 评价结果

4.4.1 基线资料情况

两组患者在年龄、性别、既往史（高血压、糖尿病及心肌梗死）及心绞痛类型方面的差异均无统计学意义（$p>0.05$）（详见表 1-4-1）。两组患者术前均完成了心肌酶及血脂检查，并且两组患者在心肌酶及血脂情况方面差异均无统计学意义（$p>0.05$）（详见表 1-4-2），因此，两组具有可比性。

表 1-4-1 两组患者的一般资料

项目	年龄/岁 ($\bar{x} \pm s$)	男性 [n(%)]	高血压 [n(%)]	糖尿病 [n(%)]	心肌梗死 [n(%)]	不稳定型心绞痛 [n(%)]	稳定型心绞痛 [n(%)]	急性心肌梗死 [n(%)]
国产组 (n=40)	63.09±10.75	35(87.5%)	20(50.0%)	14(35.0%)	6(15.0%)	25(62.5%)	5(12.5%)	9(22.5%)
进口组 (n=35)	63.63±8.44	27(77.1%)	17(48.6%)	11(31.4%)	8(22.9%)	15(42.9%)	3(8.6%)	14(40.0%)

续表

项目	年龄/岁 ($\bar{x}\pm s$)	男性 [n(%)]	高血压 [n(%)]	糖尿病 [n(%)]	心肌梗死 [n(%)]	不稳定型心绞痛 [n(%)]	稳定型心绞痛 [n(%)]	急性心肌梗死 [n(%)]
t 值或 χ^2 值	−0.24	1.40	0.02	0.11	0.76	2.89	0.30	2.69
p 值	0.81	0.24	0.90	0.74	0.38	0.09	0.58	0.10

表 1-4-2 两组患者心肌酶及血脂情况

项目	心肌酶情况			血脂情况		
	肌酸激酶/(U/L) ($\bar{x}\pm s$)	肌酸激酶同工酶/(U/L) ($\bar{x}\pm s$)	肌钙蛋白/(ng/mL) ($\bar{x}\pm s$)	总胆固醇/(mmol/L) ($\bar{x}\pm s$)	高密度脂蛋白/(mmol/L) ($\bar{x}\pm s$)	低密度脂蛋白/(mmol/L) ($\bar{x}\pm s$)
国产组(n=40)	216.55±491.46	46.21±99.98	0.42±1.69	3.92±1.24	1.13±0.20	1.92±0.87
进口组(n=35)	295.65±399.16	36.30±40.05	0.71±1.39	3.36±1.05	1.14±0.28	2.17±0.94
t 值	0.71	−0.50	0.75	1.90	0.13	1.10
p 值	0.48	0.62	0.45	0.06	0.90	0.28

4.4.2 两组患者靶病变分布情况

两组患者涉及靶病变部位均包含冠脉左前降支（left anterior descending coronary，LAD)、右冠脉（right coronary artery，RCA）及冠脉左回旋支（left circumflex artery，LCX)。两组患者靶病变分布情况差异无统计学意义（$p>0.05$）（详见表 1-4-3)。

表 1-4-3 两组患者靶病变分布

项目	靶病变分布		
	RCA	LAD	LCX
国产组(n=40)	20	15	5
进口组(n=35)	16	12	7
χ^2 值	0.14	0.08	0.78
p 值	0.71	0.77	0.38

4.4.3 病变处理情况分析

两组患者中 57 人（占比 76%）介入治疗前造影示 70%及以上 ISR，其余为不同程度支架内闭塞情况，通过使用不同内径及不同长度的预扩张球囊、非顺应性球囊、耐高压球囊、棘突球囊、切割球囊及血栓抽吸等方式对靶病变区域进行预扩张处理，使其支架内狭窄改善后置入 DCB，施加压力 6～14atm（1atm=101325Pa）使球囊紧贴于血管壁，涂于球囊表面的药物得以释放，膨胀后多数保持60～90s。通过对靶病变的预处理及DCB处理情况分析得出两组患者在预扩张球囊的长度、直径及预扩张时间，DCB长度、直径、扩张压力及时间方面差异无统计学意义，但在预扩张压力方面，国产组略大于进口组，差异有统计学意义（详见表1-4-4）。

表 1-4-4 病变处理情况分析

项目	预扩张球囊长度/mm ($\bar{x}\pm s$)	预扩张球囊直径/mm ($\bar{x}\pm s$)	预扩张压力/atm($\bar{x}\pm s$)	预扩张时间/s($\bar{x}\pm s$)	DCB长度/mm($\bar{x}\pm s$)	DCB直径/mm($\bar{x}\pm s$)	扩张压力/atm($\bar{x}\pm s$)	扩张时间/s($\bar{x}\pm s$)
国产组(n=40)	16.03±3.61	2.78±0.51	12.50±3.41	16.45±9.51	27.98±7.09	2.94±0.33	10.50±1.74	68.63±19.32
进口组(n=35)	15.43±3.18	2.94±0.10	10.71±2.11	16.06±12.22	26.54±8.26	3.12±0.46	10.86±2.07	73.43±15.52
t值	−0.75	1.29	−2.68	−0.16	−0.81	2.00	0.81	1.18
p值	0.45	0.20	0.01	0.88	0.42	0.06	0.42	0.24

4.4.4 术中及术后随访情况分析

两组患者DCB治疗过程中，DCB可以到达病变处，成功扩张、未发生破裂，并成功回撤，且患者住院期间未发生缺血导致的主要不良心血管事件，达到临床成功标准。DCB处理后仅有1例进口组患者手术记录示“狭窄较前有明显缓解”，未明确具体残余狭窄情况，其余患者残余狭窄程度均<30%。与DCB相关的心血管临床复合终点，与患者相关的心血管临床复合终点，以及明确的和很可能的血栓事件等在两组患者中均未发生。针对靶病变的血管重建及靶病变节段内再狭窄的情况也均未发生。

4.4.5 经济性评价

由于靶病变情况不同，两组患者中，57人（76%）仅使用1个DCB球囊，16人（21%）使用2个DCB球囊，有1人使用3个DCB球囊，1人使用4个DCB球囊。通过比较，两组患者在DCB使用数量、DCB费用、住院天数及住院费用等方面差异均无统计学意义（详见表1-4-5），术后6～12个月均无因冠脉疾病行介入处理的情况。

表 1-4-5 相关经济性指标比较

指标	术后住院天数/天($\bar{x}\pm s$)	总住院天数/天($\bar{x}\pm s$)	DCB使用数量/个($\bar{x}\pm s$)	DCB费用/元($\bar{x}\pm s$)	住院总费用/元($\bar{x}\pm s$)
国产组(n=40)	3.70±1.86	6.25±2.26	1.33±0.66	8349.64±4130.16	31240.74±9996.48
进口组(n=35)	3.00±1.75	6.83±3.24	1.23±0.43	7763.68±2724.31	34132.96±9361.23
t值	−1.67	0.91	−0.74	−0.71	1.28
p值	0.10	0.37	0.46	0.48	0.21

4.5 讨论与展望

治疗冠脉 ISR 的手段包括单纯球囊扩张、血管内近距离放射治疗、药物洗脱支架及 DCB 治疗，但单纯球囊扩张因再狭窄发生率较高，已被限制使用；血管内近距离放射治疗有不良心血管事件发生率较高及操作人员防护等问题，临床应用较少。更多研究表明，DCB 在小血管病变、ISR 及分叉病变等的治疗中已得到临床工作者的认可。对比随机对照研究限制性入组标准，非随机的真实世界证据纳入更多患者人群，更有助于制定临床决策。在此次研究中，国产组和进口组各有 1 例出现 DCB 扩张后夹层，给予支架治疗后达到 TIMI 血流 3 级。两组预扩张压力差异有统计学意义，可能是由于分析预扩张情况时以直径最长、长度最长或最后一次预扩张信息作为统计分析的源数据，对结果有一定影响。通过术中、术后情况，DCB 费用，以及住院总费用等数据分析，得出两组在安全性、有效性及经济性等方面基本一致。

本研究中进口组 1 例患者于 DCB 治疗一个半月后出现间断胸痛加重，通过住院诊疗，查体发现患者平卧位时剑突下异常搏动，考虑为起搏器刺激膈肌所致，专家程控起搏器各项参数，明确该症状与靶病变无关。另外，国产组 1 例患者因病情危重、随时有生命危险，在主动脉内球囊反搏泵（intra-aortic balloon pump，IABP）的辅助下，DCB 治疗 ISR 后原支架内病变处残余狭窄程度＜30％，管腔无夹层、TIMI 血流 3 级，介入手术四天后撤除 IABP，患者病情好转出院。同时还发现，靶血管的处理并不仅仅针对 ISR 病变，对存在的分叉病变给予轻舟球囊治疗，对非靶血管的原位病变采取 DCB 治疗，对 ISR 采取支架治疗等；此外，还存在单次住院行两次介入治疗的情况。

本研究仅针对患者在内蒙古自治区人民医院的就诊情况进行回顾性数据分析，研究样本量较少，且患者随访时间最长仅为 1 年左右，观察指标仍需继续追踪，记录其长期疗效，结果须在进一步的研究中得到证实。由于术前、术中及术后随访期间未能对冠脉造影图像进行定量分析，不能对术后即刻靶血管最小管腔直径、随访期血管造影晚期管腔丢失情况等进行定量分析。研究中术后随访期间均未发生不良心血管事件，这与医生对 ISR 病变充分预处理有关。尽管内蒙古地区已开展对 DCB 的集中带量采购工作，DCB 费用大幅度降低。但如何在改善患者预后的基础上，更合理地使用预扩张处理方法，平衡治疗成本与效果；如何完善术中影像学手段，优化术者临床选择等更多问题还有待更大规模的真实世界数据的研究。只有加快建立健全临床真实世界数据库和平台使真实世界数据的完整性、可溯源性及可靠性等进一步提高，才能更好地为临床决策提供参考。

（内蒙古自治区人民医院　张晓燕、朱丹丹）

案例 5 基于真实世界数据的球囊扩张导管临床使用评价

5.1 项目背景

近年来，随着介入心脏病学的快速发展，DCB 作为一种创新的治疗手段，在治疗冠状动脉狭窄和再狭窄方面展现出显著的优势。与传统药物洗脱支架相比，DCB 无需永久植入，能够减少晚期血栓形成的风险，并保留血管的生理结构和功能，因此在临床中的应用逐渐增多，DCB“介入无植入”的理念也在冠心病介入治疗领域迅速发展。2021 年，中国冠状动脉介入治疗的注册总病例数为 1164117 例（未包含军队医院病例），较 2020 年增长了 20.18%。2019 年至 2021 年，DCB 的使用率分别为 6.4%、10.9% 和 15.0%，呈持续上升态势。然而，随着我国药品和高值医用耗材集采政策的全面推进，DCB 作为高值医用耗材的重要组成部分，其使用情况和费用结构不可避免地受到集采政策的深刻影响。现有文献多集中于集采政策对药品或传统支架的影响，对 DCB 的关注较少。国内现有研究多集中于国家药品监督管理局的上市前技术评估，针对临床使用评价的研究证据较少，亟需进一步开展切实有效的循证医学研究。同时，医用耗材因品类繁杂、标准不一、临床场景复杂且更新迅速，管理难度较大，临床使用评价缺乏高质量的循证证据。因此，本项目依托西安市某三甲医院真实世界数据，对比集采政策实施前后 DCB 的临床使用情况，旨在为优化高值医用耗材管理、提升医疗资源配置效率提供循证依据。

5.2 评价目标与内容

5.2.1 评价目标

通过对比集采政策实施前后 DCB 在心血管介入治疗中的使用率、有效性和安全性、治疗效果及治疗费用的改善情况，提供 DCB 在实际应用中的真实数据，对比分析集采政策实施前后 DCB 的临床应用效果，分析集采政策实施前后患者治疗效果及耗材使用模式的变化，分析集采改革对医疗成本的影响，评估集采改革的成效，为医院高值医用耗材精细化管理及进一步优化集采政策提供科学依据，优化医疗资源配置。

5.2.2 评价内容

① 收集患者的基线特征、共患疾病、治疗成本等数据，并进行相关的统计分析，以评估这些因素对治疗效果的影响。②有效性评估指标为 DCB 的扩张效果和血管再通率、术后 30 天及术后一年全因死亡率。③安全性评估指标选取的是不良事件的发生率。④经济性评估指标选取平均治疗费用、支架/DCB 比例、平均住院天数等。⑤探讨集采政策对临床决策和医疗资源优化的推动作用。

5.3 评价方法

5.3.1 研究设计

采用回顾性队列研究方法，以 2021 年 7 月集采政策执行时间为节点，分为集采前组（2019 年 7 月—2021 年 6 月）和集采后组（2021 年 7 月—2023 年 6 月）。使用倾向评分匹配（propensity score matching，PSM）对集采前组和集采后组病例数据进行匹配，对两组病例的研究指标进行统计学比较，进而得出研究结论。

5.3.2 数据来源

通过医院电子病历系统，收集医院收治的进行 DCB 手术操作的冠心病患者的病案资料作为本次研究对象。病例纳入标准：①电子病历系统中有 DCB 手术操作（ICD-9-CM-3 编码手术操作码 00.6600x008）；②收取 DCB 耗材费用。排除标准：住院病案中信息存在漏项、缺项的病例。根据以上标准，DCB 集采前组（对照组）共纳入 110 例，DCB 集采后组（实验组）共纳入 1635 例。

5.3.3 统计方法

使用倾向性评分匹配（PSM）以年龄、性别、地区分布、既往行 PCI 治疗情况，以及是否合并高血压、糖尿病作为变量，按 1∶4 最邻近匹配法进行匹配。以性别、年龄、地区分布、既往史分组（高血压、糖尿病、合并高血压/糖尿病、无高血压/糖尿病），以及既往有无 PCI 史作为逻辑回归的自变量，分组作为因变量，建立逻辑回归模型。倾向性得分是通过逻辑回归方程，预测因变量。采用 SPSS 26.0 软件进行数据的统计分析，计量资料以（均数±标准差）表示，若符合正态分布则采用 t 检验，若非正态分布则采用 Mann-Whitney U 检验。计数资料则以频数或率表示，采用卡方检验或 Fisher 精确检验分析差异的统计学意义。以 $p<0.05$ 为差异有统计学意义。

5.3.4 观察指标

DCB 使用情况、住院费用、耗材费用、除耗材外总费用、DCB 费用、除 DCB 外总费用及除 DCB 外材料费用、血管再通率、不良事件发生率、耗材占比、支架/DCB 消耗比、全因死亡率、平均住院日、出院主诊断等。

5.4 评价结果

5.4.1 PSM 匹配前后患者一般临床资料

由于年龄、性别、地区分布、既往行 PCI 治疗情况、高血压及糖尿病合并情况是影响治疗费用及治疗结局的常见因素，为排除上述混杂因素的影响，本研究将集采前组与集采后组病例按 1∶4 最邻近匹配法进行 PSM，最终共有 440 例匹配成功。本研究匹配后标准化均数差（standard mean difference，SMD）均小于 0.1，说明匹配后两组的基线特征平衡，PSM 后两组具有可比性（表 1-5-1）。

表 1-5-1 PMS 匹配前后患者一般临床资料对比

因素	匹配前			匹配后		
	集采前组（n=110）	集采后组（n=1635）	SMD	集采前组（n=110）	集采后组（n=440）	SMD
年龄/岁（$\bar{x}\pm s$）	62.92±11.44	62.94±11.02	0.002	62.92±11.44	61.55±11.24	−0.119
性别[n(%)]						
女	22(20.00%)	448(27.40%)	0.124	22(20.00%)	77(17.50%)	0.045
男	88(80.00%)	1187(72.60%)	−0.124	88(80.00%)	363(82.50%)	−0.045
地区分布[n(%)]						
市内	92(83.64%)	1300(79.51%)	−0.073	92(83.64%)	364(82.73%)	−0.017
省内	8(7.27%)	208(12.72%)	0.097	8(7.27%)	49(11.14%)	0.071
省外	10(9.09%)	127(7.77%)	−0.024	10(9.09%)	27(6.14%)	−0.055
既往行 PCI 治疗情况[n(%)]						
有 PCI 既往史	48(43.64%)	1214(25.75%)	−0.271	48(43.64%)	190(43.18%)	−0.006
无 PCI 既往史	62(56.36%)	421(74.25%)	0.271	62(56.36%)	250(56.82%)	0.006
合并症[n(%)]						
高血压	42(38.18%)	544(33.27%)	−0.060	42(38.18%)	163(37.04%)	−0.014
糖尿病	7(6.36%)	104(6.36%)	0.000	7(6.36%)	30(6.82%)	0.006
高血压和糖尿病	22(20.00%)	260(15.90%)	−0.050	22(20.00%)	78(17.73%)	−0.028
无高血压和糖尿病	39(35.45%)	727(44.47%)	0.110	39(35.45%)	169(38.41%)	0.036

5.4.2　两组病例 DCB 使用情况比较

两组病例比较结果显示，实施集采政策后患者平均使用 DCB 的数量有所上升（$p<0.05$），见表 1-5-2。这一变化可能与采购政策带来的成本降低有关，医生在治疗过程中更倾向于使用 DCB。此外，DCB 使用量的增加也可能是医生对 DCB 疗效信任的提升，以及对患者个性化治疗需求的积极回应。

表 1-5-2　PSM 后两组患者平均使用 DCB 数量比较

项目	DCB 使用数量/个（$\bar{x}\pm s$）
集采前组（$n=110$）	1.18±0.53
集采后组（$n=440$）	1.33±0.61
t 值	−3.320
p 值	0.021

5.4.3　两组病例血管再通率比较

集采后较集采前患者血管再通率没有明显变化，两组病例血管再通率均为 100%，集采后 DCB 价格降低，有效性无差异，见表 1-5-3。

表 1-5-3　PSM 后两组血管再通率比较

项目	血管是否再通[n(%)]	
	是	否
集采前组（$n=110$）	110(100%)	0(0%)
集采后组（$n=440$）	440(100%)	0(0%)
χ^2 值	—	
p 值	—	

5.4.4　全因死亡率比较

有研究表明，尽管集采政策执行后心脏支架的价格大幅下降，但短期需求量增加，导致部分中选产品供应短缺，型号和规格不能完全满足患者的需求，迫使医务人员在治疗过程中不得不选择使用不完全适合患者的产品，从而增加了手术并发症的风险，影响患者的远期预后。本研究中两组病例术后 30 天、术后一年全因死亡率比较结果显示，差异无统计学意义（$p>0.05$），见表 1-5-4。

表 1-5-4　PSM 后两组全因死亡率比较

项目	术后 30 天全因死亡[n(%)]	术后一年全因死亡[n(%)]
集采前组（$n=110$）	1(0.91%)	1(0.91%)
集采后组（$n=440$）	2(0.45%)	3(0.68%)
χ^2 值	0.335	0.063
p 值	0.489	1.000

5.4.5 耗材不良事件发生率

本研究中集采前后两组病例耗材不良事件发生率均为 0，尚无数据可说明集采后 DCB 价格大幅下降，产品质量以及安全性受到影响。但有文献相关研究显示，带量采购医用耗材的不良事件呈现重复发生率较高的态势，情况较为严重，某品牌集采支架出现断裂在病人体内的严重不良事件。本研究结果与上述文献所述支架集采后出现严重不良事件不同。

5.4.6 两组病例平均住院日比较

两组病例比较结果显示，集采后组患者的平均住院日较集采前组显著下降（$p<0.05$）（表 1-5-5）。平均住院日是全面反映医疗工作效率和医院管理水平、评估医疗卫生资源利用率的重要指标，其结果影响医院管理效率和患者经济负担。DCB 集采实施后，平均住院日从集采前的 7.47 天减少到了 6.43 天，缩短了 1.04 天，不仅提高了医院的床位周转率，还有助于缓解医疗资源紧张的状况，对提升医院整体服务能力和患者就医体验产生了积极影响。

表 1-5-5 PSM 后两组平均住院日比较

项目	平均住院日/d($\overline{x}\pm s$)
集采前组($n=110$)	7.47±2.66
集采后组($n=440$)	6.43±2.07
t 值	4.413
p 值	<0.001

5.4.7 两组病例出院主诊断情况比较

经统计，收治病例出院主诊断分为六类：稳定型心绞痛、不稳定型心绞痛、急性心肌梗死、急性非 ST 段抬高型心肌梗死、缺血性心肌病、陈旧性心梗。两组病例比较结果显示，出院主诊断占比发生显著改变，差异具有统计学意义（$p<0.05$）（表 1-5-6）。这一变化也与其他研究结果一致，提示 DCB 在临床得到广泛应用，其适应证也越来越广泛。

表 1-5-6 PSM 后两组病例出院主诊断情况比较

项目	稳定型心绞痛[n(%)]	不稳定型心绞痛[n(%)]	急性心肌梗死[n(%)]	急性非 ST 段抬高型心肌梗死[n(%)]	缺血性心肌病[n(%)]	陈旧性心梗[n(%)]
集采前组($n=110$)	12(10.91%)	67(60.91%)	12(10.91%)	10(9.09%)	9(8.18%)	0(0.00%)
集采后组($n=440$)	293(66.59%)	39(8.86%)	34(7.73%)	52(11.82%)	22(5%)	0(0.00%)

续表

项目	稳定型心绞痛[n(%)]	不稳定型心绞痛[n(%)]	急性心肌梗死[n(%)]	急性非ST段抬高型心肌梗死[n(%)]	缺血性心肌病[n(%)]	陈旧性心梗[n(%)]
χ^2 值	110.451	153.209	1.162	0.654	1.675	—
p 值	<0.001	<0.001	0.281	0.419	0.196	—

5.4.8 两组病例费用情况比较

两组病例比较结果显示，集采后住院费用、耗材费用、除耗材外总费用、DCB费用、除DCB外总费用及除DCB外材料费用均较集采前显著下降（$p<0.05$）（表1-5-7）。本研究发现，集采前耗材费用在住院总费用中占比最大，达69.20%，集采后降至52.72%，占比明显下降。集采前DCB费用在住院总费用中占比为39.41%，集采后降至23.06%。结果提示DCB实施集采后的直接成效是通过降低耗材费用，减少患者的住院费用，达到更加有效地降低患者经济负担及医保费用支出的目标，进而改善了医疗费用结构。

表1-5-7　PSM后两组费用情况比较

项目	住院费用/元($\bar{x}\pm s$)	耗材费用/元($\bar{x}\pm s$)	DCB费用/元($\bar{x}\pm s$)	除耗材外总费用/元($\bar{x}\pm s$)	除DCB外总费用/元($\bar{x}\pm s$)	除DCB外材料费用/元($\bar{x}\pm s$)
集采前(n=110)	70088.79±24950.22	48501.64±21151.6	27622.14±12606.92	21587.15±6430.67	42466.65±20696.54	20879.5±17373.04
集采后(n=440)	45091.64±13899.77	25571.65±10576.75	11184.87±5979.04	19519.99±5106.58	33906.76±10828.92	14386.77±7221.74
t 值	14.049	16.095	19.865	3.594	5.999	6.036
p 值	<0.001	<0.001	<0.001	<0.001	<0.001	<0.001

5.4.9 冠脉支架/DCB消耗比及人数占比情况比较

冠脉支架先于DCB实行集采，以DCB实行集采的时间为时间节点，统计DCB实行集采前后行PCI治疗的所有患者消耗冠脉支架和DCB数量的情况，结果显示，DCB集采前每消耗30.68个冠状支架，消耗1个DCB；集采后每消耗1.97个冠状支架，消耗1个DCB（见表1-5-8）。集采前，单独使用冠脉支架的患者占比94.97%，单独使用DCB的患者占2.65%，同时使用冠脉支架和DCB的患者占2.38%。集采后，单独使用支架的患者占50.02%，单独使用DCB的患者占26.87%，同时使用支架和DCB的患者占比23.11%（见表1-5-9）。数据显示，集采政策改变了耗材使用格局，对医务人员临床决策具有一定影响。DCB集采后，患者治疗方案发生了变化，单独使用支架的患者比例大幅下降，而单独使用DCB

的患者比例和联合使用两种治疗手段的患者比例均有所上升。这说明集采政策不仅影响了 DCB 的使用频率，也促进了治疗方案的多样化。

表 1-5-8　两组冠脉支架/DCB 消耗比

项目	支架/个	DCB/个	支架/DCB
集采前组	3989	130	30.68
集采后组	4276	2173	1.97
χ^2 值		1375.469	
p 值		<0.001	

表 1-5-9　两组使用支架、DCB、支架＋DCB 人数情况比较

项目	单独使用支架人数[n(%)]	单独使用 DCB 人数[n(%)]	支架＋DCB 人数[n(%)]
集采前组	2076(94.97%)	58(2.65%)	52(2.38%)
集采后组	1638(50.02%)	879(26.87%)	756(23.11%)
χ^2 值	1216.177		
p 值	<0.001		

5.5　讨论与展望

集采政策通过降价显著提升 DCB 可及性，推动“介入无植入”理念普及，优化治疗方案（如小血管病变优先选择 DCB）。费用下降与耗材占比降低减轻了患者及医保负担，但需警惕价格下降导致的潜在过度使用风险，部分研究表明，集采后 DCB 的价格仍远高于支架价格，DCB 使用量的增加是否会导致非正常使用现象，进而稀释集采政策的成效，仍需关注。本研究的局限性在于，单中心回顾性设计可能引入偏倚，需多中心前瞻性研究进一步验证。

在临床管理工作中发现，采用集采后的高值耗材并不必然意味着临床遴选使用高值耗材的适应证就一定合理。医院可以构建高值耗材使用评估机制，引入智能化管理系统，借助信息化手段对耗材使用情况进行实时监控；通过推进基于临床路径的标准化耗材管理模式，强化对高值耗材使用的监督与精细化管理，推动其合理应用。同时，探索 DRG/DIP 支付改革与集采政策的协同效应，进一步控制医疗成本；开展长期随访研究，评估 DCB 在集采后的远期疗效及卫生经济学价值。

（西安市第三医院　李晓芳、刘士敏、魏开心）

第二章 微创手术耗材

案例1 基于真实世界数据的胸外科国产腔镜式吻合器的临床使用评价系统构建

1.1 项目背景

随着各省不同采购模式下规则的日新月异，高值医用耗材的价格日益透明，如医用耗材联合带量采购（九省）等。从医院层面而言，为快速有效应对市场政策的调整，及时控制医院总成本，合理控制耗占比降低患者医疗费用，并避免出现过度医疗等棘手问题，医院对医用耗材（特别是吻合器）的管理，亟需在新医改背景下对医用耗材成本控制体系建立精细化管理新模式。目前，不同厂家生产的同类吻合器品种大量充斥市场，为合理选择高值医用耗材产品，在临床用途相近、功能相似但价格差异显著的产品中开展临床评价及筛选显得尤为重要。本研究以吻合器为研究对象，利用真实世界数据的研究方法，通过收集、分析上海市胸科医院相关病例的样本数据，制定国产吻合器与进口吻合器在产品质量、临床应用、售后服务等方面的评价指标，并结合广泛的临床专家访谈构建量化评价模型，提出量化工具，为国产吻合器的临床使用评价提供决策参考。

1.2 评价目标与内容

1.2.1 项目目标

（1）国内外吻合器发展现状研究

通过对医用吻合器在国内外的发展情况进行阐述，并对国内吻合器的引入推广、技术进步、市场变化、监管现状等进行剖析，重点关注国内外吻合器在技术发展、产品类型、临床应用及售后维护等方面的表现，突出各方优势，为吻合器评价及遴选决策提供参考。

（2）国内外吻合器临床应用比较研究

从外科手术治疗、临床技术选择、临床支持服务等角度，观察分析进口和国产吻合器在临床手术中存在的使用需求巨大、成本偏高、临床使用评价体系空白等问题。

（3）外科手术应用及关键性能研究

结合国内吻合器的市场数据，展示目前国产吻合器的市场占有率，并通过比较国产与进口吻合器，总结出国产吻合器在技术及临床应用中的优势。

1.2.2 项目内容

根据上海市胸科医院现有的吻合器品规，其品牌涵盖上海市吻合器主流品牌。由于上海市胸科医院为胸科专科医院，胸腔吻合器应用覆盖术式广泛，临床样本量较大，在此临床医疗环境下开展真实世界研究相关评价具有一定的代表性。评价过程将综合利用院内多方面信息系统数据源，如电子病历、手术麻醉记录系统、高值耗材库存系统、HIS、医疗保险数据等，可获取覆盖面广、数据结构完整、内容准确且实时的真实世界数据，进而获取长期临床随访数据和临床结局数据，再经过数据收集、处理、统计分析等，最终形成真实世界证据，为吻合器临床使用评价工作提供技术指引。

1.3 评价方法

根据《真实世界数据用于医疗器械临床评价技术指导原则（试行）》，通过开展真实世界数据研究对吻合器进行临床使用评价，即针对当前技术发展下产生的国内外多品牌型号的吻合器进行评价，合理分析各品牌吻合器的应用情况，最大程度反映吻合器在临床的真实使用情况，以此在真实世界数据的基础上构建一套有效的吻合器评价方法。评价方法的制定思路如图 2-1-1 所示。

应用德尔菲法经过多轮的临床专家访谈，对国产吻合器的临床使用评价指标进行如下总结：

（1）产品质量相关指标

指标一：临床有效性

①术中并发症发生率，术中吻合口渗血和吻合口漏发生率；②术后并发症发生率，术后吻合口出血和吻合口漏发生率；③手术时间和（或）手术效率，从手术开始时间至手术结束时间的时长，用于评价使用吻合器是否可以提升手术效率；④术后住院时间，手术完成日至出院的时间，用于评价患者术后恢复情况。

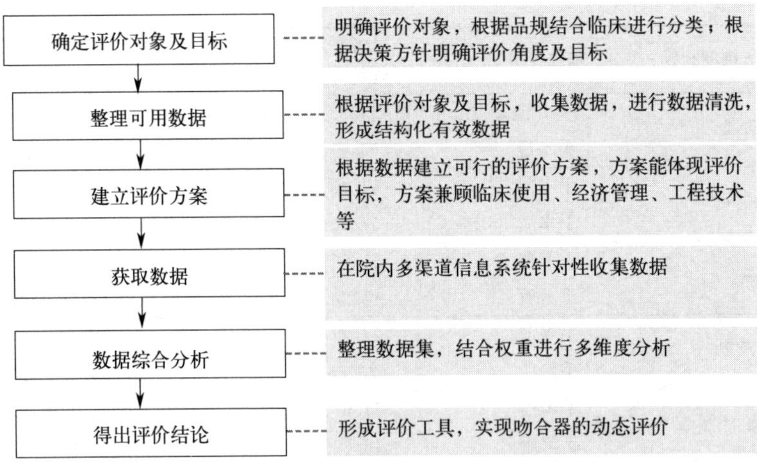

图 2-1-1 评价方法的制定思路

指标二：产品安全性

术中产品故障率低，手术成功率近乎 100%。故障包括爆钉、爆枪、不成钉及不能击发等。产品有无保险装置，产品是否具有击发保护装置，完全闭合后是否可防止过度压榨等相关指标。

指标三：操作舒适性

内外排成钉高度一致性，即术中内排和外排的成钉高度是否一致；击发过程流畅度，即击发过程是否流畅无卡顿；击发后的吻合钉抗张强度，即吻合口能够承受的张力大小等相关指标。

(2) 产品使用相关指标

指标一：术中体验感受

在躯体功能、认知功能、总健康状况、疲倦、疼痛、气促、失眠、食欲丧失、便秘、腹泻等十个方面进行系统性评价。

指标二：术后生活质量

术后未出现相关并发症（包括吻合口瘘、出血、狭窄等）、术后住院时间、患者恢复速度、痊愈效果等相关指标，生活质量术前术后对比见表 2-1-1。

表 2-1-1 生活质量术前术后对比

生活质量评估维度指标	基线评分	患者手术前生活质量得分($\overline{x}\pm s$)	患者手术后恢复期生活质量得分($\overline{x}\pm s$)
情绪功能	手术前	54.45±14.31	53.61±13.44
	手术后	55.28±14.43	55.56±15.06
认知功能	手术前	75.57±12.17	73.33±9.38
	手术后	80.00±13.42	81.11±13.65

续表

生活质量评估维度指标	基线评分	患者手术前生活质量得分($\bar{x}\pm s$)	患者手术后恢复期生活质量得分($\bar{x}\pm s$)
社会功能	手术前	53.33±20.72	53.34±19.28
	手术后	56.11±18.30	55.56±14.07
总健康状况	手术前	54.45±10.66	55.56±11.85
	手术后	57.22±11.32	58.89±11.36
疲倦	手术前	51.91±12.17	52.26±13.43
	手术后	48.20±12.86	48.18±14.71
恶心与呕吐	手术前	27.22±10.25	28.33±9.93
	手术后	25.56±9.52	25.00±12.95
疼痛	手术前	51.68±11.87	52.22±12.17
	手术后	46.67±11.91	46.11±11.32
经济困难	手术前	47.78±16.80	45.55±16.34
	手术后	56.67±15.53	54.45±16.34

手术后，患者生活质量和手术前相比具有明显差异，p 值<0.05，具有参考价值。

(3) 医护人员体验

器械操作是否便捷，在器械使用过程中，器械是否操作角度好、击发步骤流畅、可进行单手操作以及牵拉抖动较小等。

(4) 售后服务相关指标

指标一：产品经济性

市场认可度和覆盖程度，间接反映产品安全性与质量；国内外上市时间线，增长表明产品的迭代程度和成熟度较高；产品供应是否充足、产品供应能力和稳定性等相关指标；

指标二：售后技术及学术支持

售后服务的响应时间、相关配件的供应效率、新产品技术培训、新技术学术支持等相关指标。

(5) 评价模型评估

形成的临床应用评价模型，能为同类型医用耗材的安全性、有效性评估提供参考，可促进高值医用耗材功能完善和性能提升、进一步提升医疗质量、保护患者安全。同时，建立完整的医疗器械临床应用评价体系，可为上海市胸科医院同类型高值医用耗材遴选、采购提供重要的参考依据。

治疗指标与吻合器原值比：结合不同品规的吻合器的费用原值以及治疗指标评分，将治疗指标除以吻合器的费用原值，得到的比值代表单位高值医用耗材使用金额下产生的治疗效果，比值越大，单位高值医用耗材使用金额下产生的治疗效果越好。

吻合器原值与附加耗材费用比：结合不同品规的吻合器的费用原值以及单次治疗使用附加耗材费用，将吻合器的费用原值除以单次治疗使用附加耗材，比值越大，说明单次操作中附加耗材使用量少，整体因吻合器使用所产生的附加耗材量较低。

吻合器手术费用与住院平均费用比：结合不同品规的吻合器的手术直接费用总和以及围手术期住院费用，将手术直接费用除以围手术期住院费用，比值越大，说明吻合器直接手术费用占整个治疗费用较高，说明因吻合器手术产生的手术以外的其他费用较低。

吻合器成本与临床效果比：结合不同品规的吻合器的手术成本和吻合器临床评价分值，将吻合器的手术成本除以吻合器临床评价分值。成本与效果的比值越小，吻合器治疗效率越高，治疗效果越好。

1.3.1　确定评价对象及方向

利用真实世界数据研究方法，对国内外不同品牌吻合器进行临床使用评价，在评价方向选择上，应结合临床安全与卫生经济两方面，并依据决策方针制定评价方向（包括成本控制导向与临床效果导向）。对各效果指标，根据数值变化给以一定的分值，并根据效果指标的重要程度给以一定的权重，经过计算将效果指标换算成一个综合指标，作为总效果的代表。评价方向选择如图 2-1-2 所示。

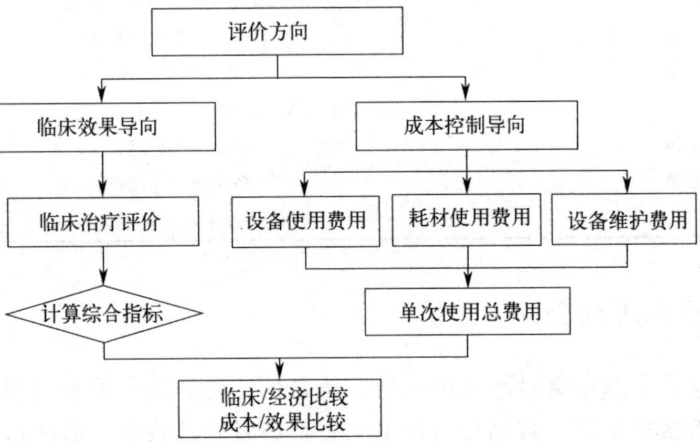

图 2-1-2　评价方向选择

对上海市胸科医院吻合器使用情况进行调查，收集上海市胸科医院数据库的数据并分析各品牌吻合器在胸外科使用的安全性、有效性、经济性，以及产品的社会效益（包括患者体验、医护人员体验以及公平性），优化临床使用吻合器的品种结构，构建基于真实世界数据的吻合器评价模型。

1.3.2 确定关键指标、收集数据

通过查阅文献并咨询该院临床医生，吻合器相关的手术方式主要为开放式手术与腔镜式手术。开放式手术和腔镜式手术各有优缺点：开放式手术一般切口较大、创伤大、患者疼痛时间长、瘢痕大、患者的痛苦时间延长、术后并发症（如切口感染等）相对较多。腔镜式手术在以上方面具有优势，但在一些特殊部位（如右后叶病变），腔镜式手术观察困难，而开放式手术则可以清楚地观察到患者的内脏情况。此外，腔镜式手术对于患者的身体健康状况要求较高，需要患者心、肺、肾功能完好。在确定符合吻合器适应证的患者的临床关键术后指标方面，对术后并发症发病率和死亡率（M&M）的客观分析和讨论是保障医疗质量的基础。多数外科医生都需要定期回顾M&M，分析术后并发症情况及总结经验，从而明确质量改进措施以降低治疗风险；根据分级指标，结合临床实际制定关键指标评分表，并通过评分得到吻合器临床治疗效果分值（E）。胸外科手术后并发症的分级如表2-1-2所示。

表2-1-2 胸外科手术后并发症的分级

分级	定义
次要	
Ⅰ级	任何不需要药物治疗或其他干预的并发症
Ⅱ级	任何需要药物治疗或仅进行轻微干预的并发症
主要	
Ⅲ级	任何需要手术、放射、内窥镜干预或多重治疗的并发症
Ⅲa级	干预不需要全身麻醉
Ⅲb级	干预需要全身麻醉
Ⅳ级	任何需要重症监护病房管理和生命支持的并发症
Ⅳa级	单器官功能障碍
Ⅳb级	多器官功能障碍
Ⅴ级	任何导致患者死亡的并发症

1.3.3 数据来源及统计学分析

数据来源为上海市胸科医院医务处、信息处、财务处、手术室管理系统等信息系统内的患者数据报告，数据分为以下4类：患者基础数据、治疗指标类数据、检验类数据、费用类数据。通过收集吻合器手柄及钉匣成本、住院治疗费用、维护费用，并对其进行评分，得到吻合器单次治疗费用（C）。吻合器相关围手术期前患者的治疗指标等基础数据，将代表治疗效果的重点治疗指标量化，用吻合器单次治疗费用除以治疗指标评价分值，计算吻合器手术治疗成本与治疗效果比，进而比较不同品牌吻合器的临床使用综合效率。

$$\text{吻合器治疗成本与治疗效果比}=\frac{\text{吻合器单次治疗费用}}{\text{吻合器治疗效果指标评价分值}}$$

1.3.4 数据清洗及筛选

本研究中数据清洗包括去除重复数据、填补缺失值、处理异常值和转换数据格式等操作，以提高数据的准确性和可靠性。数据清洗项目表具体见表 2-1-3。

表 2-1-3 数据清洗项目表

数据库子表	一级变量	二级变量	数据来源
基线信息	人口统计学信息	年龄	病案首例
		性别	
	社会经济学信息	教育程度	
		职业	
	疾病基本情况	实验室检查指标	LIS/HIS
		影像学检查结果、病理学检查结果	PACS/HIS
	入院诊断	主要诊断(ICD 编码)	病案首例
	入院科室	共患病诊断(ICD 编码)	
手术信息	手术名称(ICD-9-CM-3)		AIMS/HIS
	术后情况		
	手术开始时间		
	手术结束时间		
临床获益	术后并发症	术后并发症发生率	病案首页
		止血药使用	HIS
		抗生素使用	
	二次手术		病案首页/费用明细
经济获益	卫生资源使用	住院天数	病案首页
		手术时间	AIMS/HIS
		止血材料用量	HIS/费用明细
		吻合器耗材占比	费用明细
	医疗费用	住院总费用	HIS/费用明细
		止血材料总费用	

注：1. 实验室检查指标：血液学检查、生化检查、免疫学检查、微生物检验等。

2. 病案信息来源于电子病历系统(EMR)。

3. LIS：实验室信息管理系统；PACS：影像存储与传输系统；AIMS：手术麻醉信息系统。

4. ICD-9-CM-3 是国际疾病分类第九版临床修订版，专门用于手术和操作编码。

通过以上数据清洗方式对临床数据进行清洗，总结出结构化数据清洗总表（表 2-1-4）。

表 2-1-4 数据清洗总表

序号	时间	住院号	患者姓名	手术名称	手术类型	手术方式	吻合器品牌类型	吻合器品牌	住院总费用	物资管理系统(HRP)对应编码	外部平台物资编码	收费编码	手术耗材费用	吻合器费用	止血材料费用	住院天数	手术开始时间	手术结束时间	手术实际时间	术中干预	二次手术

1.3.5 数据分析方法

对吻合器的临床使用评价包括临床治疗效果分析（客观）和临床满意度调查（主观）两方面。客观分析方面可利用清洗过的数据进行量化分析。此外，在临床专家访谈过程中，专家普遍表示对于不同级别手术中吻合器的临床使用情况，因为其手术复杂程度的不同，相关的手术临床数据差异较大，因此在评分过程中应结合手术分级进行评分级别细化。

从有效性、安全性以及经济性三方面来构建吻合器的临床使用评价模型（图 2-1-3），基于评价模型制定分值表格，结合吻合器临床使用综合效率以及清洗过的临床结构化数据，以同品规吻合器为评分单位，完成表格填写及评分，选出分数最高的吻合器，该吻合器即为遴选出来的最好的选择。

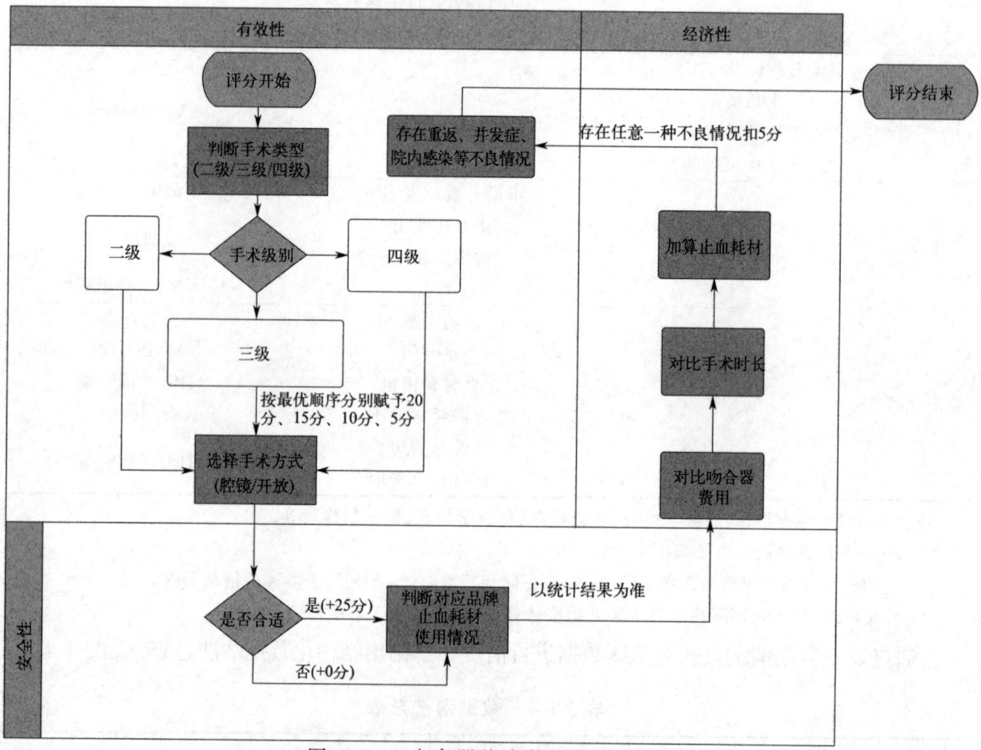

图 2-1-3 吻合器临床使用评价模型

1.4 评价结果

1.4.1 国内外吻合器发展对比分析

利用比较研究的方法将国内外吻合器的技术发展、产品类型、临床应用及售后维护等方面进行矩阵式比较，基于文献研究将比较的观测点及具体的状态记入表格，如表 2-1-5 所示。国内外吻合器在技术水平和创新能力、应用领域和市场占有率、法规要求和认证标准、价格和售后服务等方面的比较情况如表 2-1-5 所示。

表 2-1-5 国内外吻合器比较矩阵

组别	技术起源较早	技术发展速度更快	应用领域较广泛	市场占有率较大	市场规模较大	价格优势较高	售后服务更完善	监管体系更完善
国外吻合器	•		•	•			•	•
国内吻合器		•			•	•	•	•

1.4.2 真实世界数据分析：临床应用效果与经济性评价

对随机抽取的数据进行统计，使用进口吻合器者共 1000 例，其中，2019 年 300 例，2020 年 300 例，2021 年 400 例；使用国产吻合器者共 1000 例，其中，2019 年 200 例，2020 年 400 例，2021 年 400 例。

（1）使用患者描述性分析

经调查统计分析，国产腔镜式吻合器和进口腔镜式吻合器使用患者中女性患者较多，男女占比分别为 57%与 43%，通过正态分析患者年龄大多分布于 50～60 岁，总体受众比较孱弱。手术术式相对复杂，存在腔镜与开放两种方式，具体手术级别分为四级手术、三级手术与二级手术。住院总费用方面，使用两种吻合器的患者花费相近（60000 元左右）。住院时长显示国产吻合器效果较好，平均天数为六天，相比进口吻合器（七天）有一定优势。

（2）使用效果

采用描述性统计分析总结两组患者的基线特征，并通过 SPSS 软件中相关性比较、卡方检验与 p 值的差异性精确概率检验，比较两组患者基线特征差异。

相似方面（表 2-1-6），相关性结果显示，国产吻合器与进口吻合器的手术术式与吻合器的费用显著相关，即手术术式越复杂，吻合器费用越高，开放式手术比腔镜式手术花费更多。止血耗材的损耗费用与手术术式呈负相关，即手术术式级别越高，止血耗材费用越低，其中，腔镜式手术术式的止血耗材费用平均低于开放式手术术式的止血耗材费用。除二级手术手术时间较长，其他级别手术术式的时间相对持平，为 1.5h 左右。

表 2-1-6 吻合器与止血费用的相关性

项目		吻合器费用	手术时间	止血材料费用
吻合器费用	皮尔逊相关性	1	0.987**	0.122
	显著性(双尾)		0.002	0.845
	个案数	5	5	5
手术时间	皮尔逊相关性	0.987**	1	0.243
	显著性(双尾)	0.002		0.693
	个案数	5		5
止血耗材费用	皮尔逊相关性	0.122	0.243	1
	显著性(双尾)	0.845	0.693	
	个案数	5	5	5

** 在 0.01 级别(双尾),相关性显著。

差异方面（表 2-1-7），国产吻合器平均花费 2500 元，进口吻合器平均花费 3000 元，卡方检验值为 54.282，p 值为 0，拒绝原假设，证明两者间具有明显差异，即国产吻合器价格优廉。对于平均手术时长，两组卡方检验值为 0.02，p 值为 0.9，不具有明显差异。国产吻合器平均止血耗材费用（108.72 元）与进口吻合器平均止血耗材费用（159.06 元）的卡方检验值为 9.46，p 值为 0，拒绝原假设，证明两者间具有明显差异，即国产吻合器术中止血耗材花费较少。

表 2-1-7 进口吻合器与国产吻合器对比数据

项目	平均吻合器费用/(元/台)	平均手术时间/h	平均止血耗材费用/(元/台)
进口吻合器组	3001.83	0.54	159.06
国产吻合器组	2457.46	0.42	108.72
自由度(df)	1	1.00	1.00
χ^2 值	54.282	0.02	9.46
p 值	0.00	0.90	0.00

(3) 经济性差异

采用倾向性评分校正两组患者中可能存在的基线特征差异，校正并比较两组效果指标、卫生资源使用和医疗费用，进而对国产与进口吻合器的经济性进行比较评估。

相似方面，国产吻合器在手术术式中的吻合器费用占比和止血耗材费用占比与进口吻合器不存在基线特征差异。两组吻合器费用占比卡方检验值为 0.041，p 值为 0.83954；止血耗材费用占比卡方检验值为 0.081，p 值为 0.77595，$p>0.05$，无显著差异（表 2-1-8），即吻合器与止血耗材在各手术术式中不存在过量使用、过度使用的情况，国产吻合器的功效与进口吻合器持有相同水平。

表 2-1-8 国产与进口吻合器费用占比

项目	吻合器费用占比	止血耗材费用占比
进口吻合器组	0.60141073	0.64
国产吻合器组	0.39858927	0.356239145
自由度(df)	1	1.000
χ^2 值	0.041	0.081
p 值	0.83954	0.77595

1.4.3　应用性评估

本研究结果显示，吻合器主要应用于胸外科及肿瘤外科手术，患者群体集中于50～60岁的中高龄人群。在胸外科手术中，吻合器的使用显著优化了深部术野及狭窄空间下的组织吻合流程，其机械缝合相较于传统手工缝合，能够实现更准确、可靠的闭合，从而有效降低术后吻合口瘘等严重并发症的发生风险，对于减少二次手术概率、保障患者围手术期安全具有重要临床价值。基于真实世界数据的对比分析表明，国产腔镜式吻合器在核心围手术期指标上与进口产品表现相当。具体而言，两组在术中出血量（国产吻合器组155±45mL *vs* 进口吻合器组150±50mL，p=0.52)、手术时长（国产吻合器组148±40min *vs* 进口吻合器组152±35min，p=0.41）以及术后吻合口漏（国产吻合器组1.7% *vs* 进口吻合器组1.5%，p=0.75）和出血等并发症发生率上均无统计学显著差异。这一结果证实，国产吻合器在关键的有效性及安全性维度已达到与进口品牌同等的水平。

在临床安全有效的基础上，国产吻合器展现出显著的卫生经济学优势。其单台费用（平均2457.46元）显著低于进口产品（平均3001.83元，$p<0.05$），在3000～4000元的市场价格区间内更具经济性，直接降低了患者的直接医疗支出。本研究构建的评价模型亦显示，国产吻合器在成本－效果比方面表现优异。术中合理应用国产吻合器，不仅直接节约了耗材成本，其带来的良好术后恢复进程也间接缩短了住院时间，从而进一步降低了总住院费用。在医保支付制度改革（如DRG/DIP）持续推进的背景下，国产吻合器的普及应用为医疗机构控制医疗成本、实现精细化管理提供了有效路径。正因其在性能与成本间取得的良好平衡，近三年来国产吻合器在该院的临床使用率呈现稳步提升趋势，日益获得临床医师的认可，已成为多种手术术式中的常规器械选择，这对于提升高值医用耗材的合理使用水平、优化医疗资源配置具有积极意义。

1.4.4　评价模型验证与应用

本研究构建的吻合器临床应用评价模型经过系统验证，在实际应用中展现出显著价值。基于德尔菲专家咨询和层次分析法，模型确立了科学合理的指标权重体系，其中产品质量维度占比最高（45%），充分体现临床安全性的核心地位。通过三轮专家咨询达成的共识（Cronbach's α 系数0.87）确保了指标体系的专业性和可靠性，特别是“术中吻合口漏发生率”（权重0.18）等关键指标的设置，直接针对胸外科手术的核心风险点。从医院管理的角度看，该评价模型创新性地实现了医用耗材遴选的量化决策。通过建立“评分-价格”双维度比选机制，该模型在2024年带量采购中为医院节约成本约230万元。其独特的分级推荐功能（如复杂手术优先推荐评分≥85分产品）实现了手术需求与耗材性能的精准匹配，而“评价-反馈-

改进-再评价”的质量管理闭环则持续推动供应商产品优化，促使国产吻合器关键技术指标提升15%～20%。

该评价模型具有广阔的应用前景。其模块化设计可扩展至其他高值医用耗材评价领域，积累的评价数据可为DRG支付提供质量调整参数，而标准化的评价流程更有助于提升医院精细化管理水平。该模型成功实现了从经验决策向循证决策的转变，为公立医院高值医用耗材管理提供了可复制、可推广的解决方案，对促进国产医疗器械高质量发展具有重要意义。

1.5 讨论与展望

1.5.1 讨论

本研究主要围绕国产吻合器的临床使用评价展开，分析了国产吻合器的类型、应用、管理和监管、成本和效益分析以及影响等方面的现状，并与国外品牌进行了对比，可以得出以下结论：

① 吻合器的类型多样，包括缝合线、吻合钉、吻合器械等，各种吻合器都有其适用范围和局限性，需要根据具体的手术需求和患者情况进行选择。

② 随着技术发展及创新，国产吻合器在临床术式覆盖范围、使用安全性及产品质量方面与国外品牌吻合器的差距逐渐缩小，在技术更新的灵活性方面，国内品牌优于国外品牌，但是在技术支持、学术支持方面国内外品牌仍存在差异。

③ 高值医用耗材的成本和效益分析是医疗机构和政府部门进行管理和决策的重要依据，包括成本分析、效益分析和成本效益分析等方面，可以帮助评估医用耗材的经济效益和社会效益，优化医疗资源配置，提高医疗质量和效率。

④ 高值医用耗材的影响因素包括质量因素、价格因素、技术因素、市场因素和患者需求因素等方面，需要医疗机构和政府部门加强监管和管理，提高医用耗材的质量和安全水平，满足患者的治疗需求和社会的健康需求。

综上所述，本研究对于国产吻合器的类型、应用、管理和监管、成本和效益分析以及影响因素等方面进行了深入的探讨和分析，为医疗机构和政府部门提供了科学依据和决策支持，有助于优化医疗资源配置，提高医疗质量和效率，保障患者的权益和安全。

同时，本研究也为相关领域的学者和研究人员提供了参考和借鉴，有助于推动该领域医用耗材的研究和发展。

1.5.2 展望

基于本研究的结果和结论，提出以下研究展望：

（1）加强吻合器相关的质量监管和检测

未来的研究可以进一步探讨医用耗材的质量监管和检测技术，提高高值医用耗材的质量和安全水平。

(2) 深入研究吻合器的成本效益分析

未来的研究可以进一步探讨医用耗材的成本效益分析方法和技术，优化医疗资源配置，提高医疗质量和效率。

(3) 探索吻合器的创新应用

未来的研究可以探索医用耗材的创新应用，如基于人工智能和大数据技术的医用耗材管理和监管，提高吻合器的使用效果和安全性。

(4) 加强吻合器的教育和培训

未来的研究可以加强吻合器的教育和培训，提高医护人员的使用技能和安全意识，降低医疗事故和医疗纠纷的发生率。

（上海市胸科医院/上海交通大学医学院附属胸科医院　顾伟、周阳、刘杨）

案例 2 可吸收止血流体明胶在神经内镜下经鼻蝶入路垂体腺瘤切除术中的使用评价

2.1 项目背景

神经内镜下经鼻蝶入路垂体腺瘤切除术，相较于传统的垂体瘤切除术，能够明显降低手术创伤、减少鼻部不适，是近年来发展较快的技术。由于术中会发生海绵窦/海绵间窦、瘤腔出血，而手术术野狭小，弥漫性出血会显著影响视野，加之病变部位毗邻颅内重要组织结构，不宜使用能量器械止血，所以使用止血材料成为神经内镜下经鼻蝶入路垂体腺瘤切除术中的首选止血方案。

外科手术理想的止血材料应具备止血迅速、材料无变应原（过敏原）、降解物无毒性且能被人体吸收的特性。流体明胶具有流动性和塑形性，能够达到深部腔隙，适用于复杂解剖结构和不规则创面，其可与创面充分接触且减少组织压迫，高效止血，被广泛用于外科手术的止血，也逐渐被应用于神经内镜下经鼻蝶入路垂体腺瘤切除术。但是目前国内对于神经内镜下经鼻蝶入路垂体腺瘤切除术中流体明胶的临床使用效果和患者效益的相关分析研究并不多见。现阶段可吸收止血材料被纳入重点监控高值医用耗材目录后，流体明胶由于价格显著高于其他可吸收止血材料，一直是各医院可吸收止血材料中重点监控的品种。通过对山东大学齐鲁医院神经外科 2018 年至 2020 年各类手术使用可吸收止血流体明胶的情况进行统计，发现神经内镜下经鼻蝶入路垂体腺瘤切除术在各类手术中使用流体明胶数量最多，占比高达 39%。

山东大学齐鲁医院以神经内镜下经鼻蝶入路垂体腺瘤切除术中使用的流体明胶为研究对象，在经济性、安全性、有效性方面尝试开展基于真实世界证据的临床使用评价工作。以临床实践结果为依据，衡量目前院内流体明胶在神经内镜下经鼻蝶入路垂体腺瘤切除术中的临床使用效果和患者效益，为合理使用管控工作提供数据支撑。

2.2 评价目标与内容

运用卫生技术评估方法，融合临床医学、医学工程学、卫生经济学、卫生技术评估等知识体系，利用真实世界医疗环境下临床产生的数据，对流体明胶在安全性、有效性、经济性方面开展临床使用评价工作。

结合真实世界证据以及临床调研结果，衡量目前院内在用的流体明胶的临床使用效果和患者效益，进而评价神经内镜下经鼻蝶入路垂体腺瘤切除术中流体明胶的使用是否合理，为耗材使用管控工作提供依据。

2.3 评价方法

2.3.1 根据PICOS原则明确具体评估范围和维度

具体评估范围和维度见表2-2-1。

表2-2-1 根据PICOS原则确定的研究范围

PICOS	研究范围
评估人群(population)	接受神经内镜下经鼻蝶入路垂体腺瘤切除术的任何年龄人群
评估对象(intervention)	可吸收止血流体明胶
对照(comparator)	可吸收明胶海绵
结局(outcome)	①安全性:术后感染发生率(%)、抗生素费用(元) ②有效性:术后再出血(颅内血肿)率(%)、因术后再出血导致短期内非计划手术率(%)、输血量(mL)/输血率(%) ③经济性:住院时间(天)、住院费用(元)(包括各项单独费用,如卫生材料费、药费、床位费、输血费、检查费等) ④临床调研问卷:术中及术后效果评价
研究设计方案(study design)	回顾性队列研究

2.3.2 具体研究方法

(1) 明确研究对象

收集2018年1月至2020年12月期间，在山东大学齐鲁医院行神经内镜下经鼻蝶入路垂体腺瘤切除术且术中单独使用可吸收止血流体明胶或可吸收明胶海绵的病例分为两个组，实验组是使用可吸收止血流体明胶的样本群体（流体明胶组），对照组是使用可吸收明胶海绵的样本群体（明胶海绵组）。

实验组和对照组止血材料性能介绍：流体明胶是一种可吸收的止血明胶基质，是从猪皮中提取的明胶提取物，止血原理是液体明胶基质通过物理压迫作用于出血渗面，为血小板凝聚提供微米级别甚至纳米级别的物理支架，利于凝血，最终达到止血目的。明胶海绵是以明胶为主要成分的白色可吸收海绵状固体，在应用时将明胶海绵裁剪至合适大小，放置于出血表面，同时应用脑棉配合压迫，最终达到止血效果。

(2) 确定研究终点

① 安全性指标：术后感染发生率（%）、抗生素费用（元）；

② 有效性指标：术后再出血（颅内血肿）率（%）、因术后再出血导致短期内非计划手术率（%）、输血量（mL）/输血率（%）；

③ 经济性指标：住院时间（天）、住院费用（元）（包括各项单独费用，如卫生材料费、药费、床位费、输血费、检查费等）。

（3）样本搜集

① 与信息网络中心和医务处（病案室）对接，从 HIS 中调取 2018 年 1 月至 2020 年 12 月期间，使用可吸收止血流体明胶和可吸收明胶海绵的患者。

② 筛选入组：术中单独使用流体明胶或明胶海绵，符合垂体瘤诊断规范（凝血功能正常、鼻腔和鼻窦无感染、鼻窦气化好、术后病理证实为垂体腺瘤），手术方式为神经内镜下经鼻蝶入路垂体腺瘤切除术的患者。

③ 根据入组患者的住院号查阅电子病历（包括手术记录、术后首次病程记录），提取相关数据信息（患者基线特征、手术信息、费用信息等），并进行统计分析。

（4）数据统计分析

① 基线特征与结局指标的描述性分析

采用 Stata 14.0 软件进行统计学分析。对流体明胶组和明胶海绵组患者的基线特征（包括年龄、体重、合并症等）和结局指标（包括术后颅内血肿发生率、输血率、住院时间、住院费用等）进行描述性分析，计量资料报告均值及标准差（$\overline{x} \pm s$），采用 t 检验进行组间比较；计数资料报告频数及百分比，采用卡方检验进行组间比较。$p<0.05$ 为具有统计学差异。

② 倾向性评分匹配

本研究进一步通过倾向性评分匹配的方法，校正基线因素，使基线特征在两组间分布均衡，进而对两组结局指标进行统计检验分析。

根据流体明胶组和明胶海绵组初始样本量分布情况，进行 1∶1 匹配，匹配因素包括年龄，体重，是否合并高血压、糖尿病、冠心病、颅内病变、脑梗死、脑出血、高血脂、颅内感染，采用最邻近匹配法（nearest neighbor matching，NNM），卡钳值设定为 0.01。在匹配后的样本中，对两组的结局指标进行统计检验，计量资料报告均值及标准差，采用 t 检验进行组间比较；计数资料报告频数及百分比，采用卡方检验或 Fisher 精确检验进行组间比较。

2.4 评价结果

2.4.1 患者基线特征的描述性分析

流体明胶组（$n=318$）和明胶海绵组（$n=431$）患者的平均年龄和平均体重无显著性差异，但是两组的合并高血压比例有显著性差异（$p=0.010$），其余合并症分布无明显差异，见表 2-2-2。

表 2-2-2 基线特征描述性分析

基线特征	流体明胶组($n=318$)	明胶海绵组($n=431$)	p 值
年龄/岁($\bar{x}\pm s$)	51.14 ± 12.20	50.42 ± 12.86	0.438
年龄分组[n(%)]			0.286
≤40 岁	59(18.55%)	99(22.97%)	
41～60 岁	183(57.55%)	227(52.67%)	
>60 岁	76(23.9%)	105(24.36%)	
体重/kg($\bar{x}\pm s$)	72.02 ± 13.75	71.66 ± 12.35	0.711
合并症[n(%)]			
高血压	90(28.3%)	87(20.19%)	0.010
糖尿病	44(13.84%)	44(10.21%)	0.128
冠心病	13(4.09%)	22(5.1%)	0.515
颅内病变	18(5.66%)	15(3.48%)	0.151
脑梗死	12(3.77%)	18(4.18%)	0.781
脑出血	1(0.31%)	1(0.23%)	0.829
高血脂	6(1.89%)	4(0.93%)	0.258
颅内感染	2(0.63%)	1(0.23%)	0.395

对流体明胶组和明胶海绵组进行 1∶1 倾向性评分匹配后，共 281 对样本匹配成功。匹配后，两组患者的全部基线因素在两组间分布均衡，均无统计学显著性差异，见表 2-2-3。

表 2-2-3 匹配后两组患者基线特征分布情况

基线特征	流体明胶组($n=281$)	明胶海绵组($n=281$)	p 值
年龄/岁($\bar{x}\pm s$)	49.89 ± 11.68	50.92 ± 11.85	0.297
年龄分组[n(%)]			0.561
≤40 岁	56(19.93%)	51(18.15%)	
41～60 岁	171(60.85%)	166(59.07%)	
>60 岁	54(19.22%)	64(22.78%)	
体重/kg($\bar{x}\pm s$)	72.08 ± 14.07	71.87 ± 12.35	0.847
合并症[n(%)]			
高血压	70(24.91%)	73(25.98%)	0.771
糖尿病	34(12.10%)	34(12.10%)	1.000
冠心病	11(3.91%)	10(3.56%)	0.824
颅内病变	9(3.20%)	8(2.85%)	0.805
脑梗死	9(3.20%)	11(3.91%)	0.649
脑出血	0(0.00%)	1(0.36%)	0.317
高血脂	1(0.36%)	1(0.36%)	1.000
颅内感染	1(0.36%)	1(0.36%)	1.000

2.4.2 结局指标的描述性分析

(1) 经济性评价

根据表 2-2-4 和图 2-2-1，可以看到流体明胶组相比明胶海绵组，平均住院时间显著更短（16.48 天 *vs* 17.59 天，$p=0.040$）；住院总费用无显著性差异（42527.00 元 *vs* 41613.56 元，$p=0.513$）。对于各项分类费用，流体明胶组相比明胶海绵组卫生材料费更高，但流体明胶可以显著性节省床位费（1088.26 元 *vs* 1302.43 元，$p<0.001$）、药费（8873.08 元 *vs* 10374.01 元，$p=0.016$），同时诊疗费、化验费、护理费也有所降低。

表 2-2-4 倾向性评分匹配后两组患者结局指标的比较分析

结局指标	流体明胶组($n=281$)	明胶海绵组($n=281$)	p 值
术后颅内血肿[n(%)]	0(0.00%)	1(0.36%)	0.317
输血率/%	2.49	2.85	0.794
住院时间/d($\bar{x}\pm s$)	16.48 ± 5.21	17.59 ± 7.41	0.040
住院总费用/元($\bar{x}\pm s$)	42527.00 ± 7358.03	41613.56 ± 22188.87	0.513
床位费/元($\bar{x}\pm s$)	1088.26 ± 455.75	1302.43 ± 658.47	<0.001
诊疗费/元($\bar{x}\pm s$)	499.05 ± 191.98	544.57 ± 281.16	0.025
检查费/元($\bar{x}\pm s$)	4433.50 ± 1337.01	4331.45 ± 1616.78	0.415
治疗费/元($\bar{x}\pm s$)	1754.49 ± 1040.82	2142.40 ± 4592.96	0.168
手术费/元($\bar{x}\pm s$)	10232.64 ± 1225.24	10063.76 ± 2059.48	0.238
化验费/元($\bar{x}\pm s$)	2916.69 ± 1061.26	3183.27 ± 1446.49	0.013
护理费/元($\bar{x}\pm s$)	800.96 ± 242.76	917.94 ± 1127.99	0.090
伙食费/元($\bar{x}\pm s$)	206.72 ± 261.81	195.97 ± 269.54	0.632
药费/元($\bar{x}\pm s$)	8873.08 ± 3912.76	10374.01 ± 9658.46	0.016
输血费/元($\bar{x}\pm s$)	16.58 ± 107.85	42.70 ± 285.96	0.152
卫生材料费/元($\bar{x}\pm s$)	11705.03 ± 2419.18	8515.05 ± 5102.00	<0.001

(2) 安全性、有效性评价

对两组患者术后感染发生率、抗菌药物费、术后颅内血肿、因术后再出血导致短期内非计划手术率、输血率等几个指标对比，发现流体明胶组和明胶海绵组均未有术后感染；流体明胶组抗菌药物费用低于明胶海绵组，但差异无统计学意义；明胶海绵组出现 1 例术后颅内血肿，但未出现因此导致的非计划手术；两组输血率无

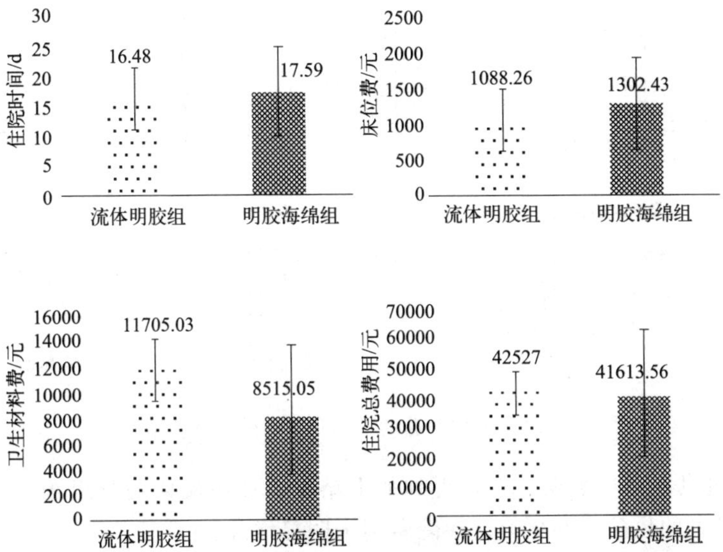

图 2-2-1　两组患者结局指标的比较

显著差异（表 2-2-5）。

表 2-2-5　两组患者术后结局指标的比较分析

结局指标	流体明胶组（n=281）	明胶海绵组（n=281）	p 值
术后感染发生率/%	0	0	1.000
抗菌药物费/元	780.73 ± 1909.64	1182.43 ± 3876.35	0.125
术后颅内血肿[n(%)]	0(0.00%)	1(0.36%)	0.317
因术后再出血导致短期内非计划手术率/%	0	0	1.000
输血率/%	2.49	2.85	0.794

（3）临床问卷调研

为进一步评价流体明胶的术中及术后使用效果，本研究还采用匿名式半结构化问卷，调研该院神经外科 7 位临床医生，其中有 2 位主任医师，3 位副主任医师，2 位主治医师。调研结果如图 2-2-2 所示：①全部参与调研的医生表明流体明胶在减少术中出血量、缩短术中止血操作时间、使手术视野清晰方面有帮助。②全部参与调研的医生表明流体明胶在降低术后再出血发生率、降低术后并发症发生率方面有帮助。

（4）综合性评价

对流体明胶的安全性、有效性、经济性评价作出小结：

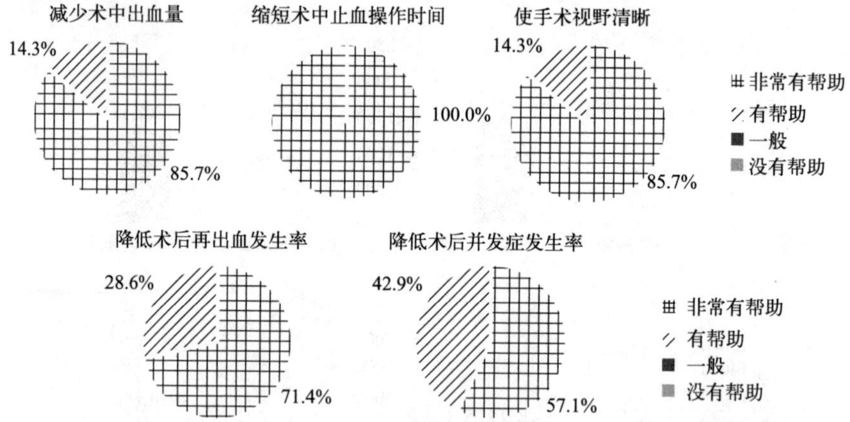

图 2-2-2 流体明胶的术中及术后效果评价结果

① 通过真实世界数据分析，得到如下结论：使用流体明胶组相比于使用明胶海绵组，患者的住院时间更短，住院费用未明显增加。

② 通过临床问卷调研分析，得到如下结论：使用流体明胶在减少术中出血量、缩短术中止血操作时间、使手术视野清晰等术中效果方面，以及在降低术后再出血发生率、降低术后并发症发生率等术后效果方面，有较大帮助。

总体评价：使用流体明胶有助于更好地开展神经内镜下经鼻蝶入路垂体腺瘤切除术，明显缩短了患者住院时间，且未明显增加患者经济负担。

2.5 讨论与展望

2.5.1 项目意义

① 通过该评价项目，明确了神经内镜下经鼻蝶入路垂体腺瘤切除术中使用可吸收止血流体明胶具有良好的临床使用效果和患者效益，如有助于手术开展、缩短了患者住院时间、未明显增加患者经济负担等。另外，现阶段部分省份已经开展可吸收止血材料的带量采购，流体明胶在带量采购省份价格大幅下降，随着医用耗材带量采购提速扩面，后续在集中带量采购提速扩面和价格联动机制下，患者有望使用到价格更低的流体明胶，届时患者经济效益会愈加凸显。

② 本项目研究结论为院内可吸收止血流体明胶的合理使用管控工作提供了数据支撑，对于医院耗材使用管控工作具有重要意义。

③ 初步掌握了基于真实世界证据的临床使用评价方法，对于后续开展更多耗材的使用评价具有指导和借鉴意义。

2.5.2 项目局限性

① 可吸收止血材料属于术中辅助耗材，评价时涉及的混杂因素较多，如患者的出血状况（如伤口的大小和形态、出血的严重程度以及伤口的可及性）、手术难易程度、术者操作水平等都可能会影响使用效果。

② 医院信息系统的数据完整度和数据质量也会直接影响评价结果的客观性，本研究中部分术中数据（如术中出血量、手术时间、止血时间等）无法获取，导致术中安全性和有效性缺少可量化的评价指标；而且无肿瘤分期数据，未能按照肿瘤分期对住院费用进行分层对比研究。

③ 本研究为单中心研究，样本量较少。

2.5.3 下一步计划

① 可吸收止血材料适用范围较为宽泛，不同止血材料的止血机制、止血效果和临床适用范围各不相同，不同临床应用场景下的评价指标不统一，为确保评价结果的科学严谨，后续对于止血材料的使用评价将继续以病种为单位开展。

② 进一步完善设计方案，提高数据质量；评价对象逐步向其他耗材品目扩展，如重点监控目录内其他耗材、临床新技术开展所需耗材或其他价格昂贵的耗材等。

（山东大学齐鲁医院　刘庆、张阳、王新宇）

案例3 乳腺癌根治术中常见的三种可吸收止血材料的成本效益分析研究

3.1 项目背景

乳腺癌根治术是可吸收止血材料应用较多的领域之一，然而国内针对乳腺癌根治术、改良根治术中止血材料应用效果的研究较为简单，通常为术中止血时间、止血量、术后不良症状的发生概率研究，缺少较为全面且定量的成本效益分析研究。乳腺癌根治术中使用纤维蛋白海绵、胶原蛋白海绵、氧化再生纤维素纱布的研究显示，临床认为使用纤维蛋白海绵、胶原蛋白海绵或氧化再生纤维素纱布在乳腺癌根治术后恢复方面比传统压迫止血效果更好，但是缺乏一定的横向比较。上述研究都是以临床医生为中心的时间跨度短、样本量小的评估，缺少一定的经济学分析。针对乳腺癌根治术，完善多种可吸收止血材料的经济学评价是需要进一步研究的问题。

3.2 评价目标与内容

3.2.1 项目目标

本项目旨在针对乳腺癌根治术中常见的三种可吸收止血材料，采用 Meta 分析方法，构建一套基于真实世界数据的可吸收止血材料的评价指标体系，依托以医院为中心的卫生技术评价方法，完成对浙江大学医学院附属第一医院两年内乳腺癌根治术中常用的三种可吸收止血材料的成本效益分析，形成一份评价报告，以期为制定可吸收止血材料在乳腺癌根治术中的使用指南提供高质量证据，并为医院更好地管控可吸收止血材料提供参考。

3.2.2 项目内容

本项目采用基于真实世界数据的回顾性研究，研究关于在乳腺癌根治术中不同种类可吸收止血材料在相同使用效率下的乳腺癌根治术中及术后指标差异，回顾浙江大学医学院附属第一医院 2018—2019 年施行乳腺癌根治术的病例，统计患者的身高、体重、性别、其他疾病情况、乳腺癌症发展情况、乳腺癌根治术部位、切除范围大小、切除面积、出血量、使用可吸收止血材料、术后康复时间、住院时间、手术创面护理情况、并发症发生率等手术过程指标，以及是否患有其他慢性病，是否为凝血功能障碍者，免疫功能是否正常，术后是否使用抗凝血药物、促凝血药物等可能影响术后并发症发生率的指标。统计药物成本、耗材成本、护理人力的相关情况，用于分析各类成本。

3.3 评价方法

3.3.1 文献分析研究

通过检索文献，获取本研究所需统计的相关指标和评价标准。由两名研究者对检索内容进行独立筛选、提取资料并交叉核对，如遇分歧，咨询第三方协助判断。文献筛选时根据摘要、标题等信息，初步剔除不符合检索要求的文献，再通读全文确定是否具有需要的信息。检索后通过分析研究方法和指标重点，选择本研究的主要研究指标。

3.3.2 回顾性队列分析

设计并进行一个基于真实世界数据的回顾性研究。

（1）病例纳入标准

入组病人年龄在 18～65 岁之间，计划手术创面达标，性别不限。病例需记录是否患有其他慢性病，是否为凝血功能障碍者，是否感染革兰氏杆菌，免疫功能是否正常，术后是否使用抗凝血药物、促凝血药物。

（2）病例收集

收集 2018 年 1 月—2019 年 12 月使用三种常见可吸收止血材料的病例，按照纳入标准筛选病例，共分为 3 组，第一组使用氧化再生纤维素纱布，第二组使用胶原蛋白海绵，第三组使用微纤维蛋白止血粉。由于无止血材料组已被证实与上述三类止血材料均有显著性差异，且会对患者造成不利影响，故不设立术中不使用止血材料组。检查手术记录，确认病例记录信息。

3.3.3 病案分析

经过病案分析后，将所有纸质病历中的手写数据补入系统数据，获得关于术后病程的描述和诊断确切切口大小。

3.3.4 数据分析

首先对病例的基本登记信息进行分析，获得基线数据，分析组间是否具有差异。随后，根据具体的情况判断是否实施数据筛选，如需要，可通过倾向性评分等分析方法剔除基线数据差异。处理后，将相关数据按组分开。对符合手术要求、凝血功能正常的乳腺癌患者病例进行统计，分析其循环系统功能情况、手术创面情况、出血情况、输血量、术后康复时间、住院时间、手术创面护理情况、是否出现术后并发症等，对计数资料采用卡方检验，对计量资料采用多因素方差检验，综合考虑各参数对术后恢复情况的影响（包括住院时间、引流量、是否出现并发症、使用可吸收止血材料的不良反应），使用决策树分析计算各类止血材料对总医疗费用的影响。

3.4 评价结果

3.4.1 文献分析结果

收集 Cochrane library、CNKI 有关文献，共收集到相关研究及论文共 100 例。通过摘要分析进行排除和去重后，获得了 17 个符合要求的研究。研究中有 1 个为系统性综述，3 个为未完成研究，2 个没有详细数据。

由于符合术中使用氧化再生纤维素纱布、胶原蛋白海绵、微纤维蛋白止血粉的乳腺癌根治术的研究较少，同时采用评价的指标多样，无法进行同一指标的分析。根据研究重心的差异，可参考的研究指标如表 2-3-1 所示。

表 2-3-1 可参考指标及涉及研究数量

参考指标	涉及研究数量/个	参考指标	涉及研究数量/个
引流天数	12	20min 内出血数据	1
总引流量	11	3min、5min 和 10min 出血发生率	1
术后 3 天引流量	6	积液发生率	1
术后 1 天引流量	4	皮瓣坏死	1
术后 2 天引流量	3	平均引流量	1
皮下积液	2	使用数量	1
失血量	2	手术时间	1
术后并发症发生率	2	术后住院时间	1
术后第一天引流液红细胞数	2	移植处积液量	1
术后第二天引流液红细胞数	2	引流次数	1
术后第三天引流液红细胞数	2	再次出血发生率	1
术后感染发生率	2	止血时间	1
住院时间	2		

本研究选取所有研究中最受关注的指标，即引流天数（或拔管离院前的住院天数和总引流量作为主要的评价指标，并将与止血直接相关的术中出血量作为主要结局指标之一。

3.4.2 基线特征

共收集到 2018 年 1 月—2019 年 12 月使用记录 1489 条和乳腺癌根治术病例 811 例，经筛选有 765 例数据记录比较完整，其中 378 例使用了止血材料，年龄符合入排标准的有 301 例，胶原蛋白海绵 200 例，微纤维蛋白止血粉 53 例，氧化再生纤维素纱布 48 例。其中 4 例使用了多种不同的止血材料，2 例使用了不同规格的止血材料。

对收集到的病例的基线数据进行分析，基线指标情况如表 2-3-2 所示。

表 2-3-2 病例基线特征

指标		氧化再生纤维素纱布组	微纤维蛋白止血粉组	胶原蛋白海绵组	p 值
年龄/岁		49.12±7.93	52.47±8.89	52.20±8.42	0.06153
BMI 指数		22.09±2.33	22.62±3.19	22.68±2.71	0.4076
左侧切口	年龄/岁	48.19±7.39	53.22±9.16	53.18±8.46	—
	BMI 指数	21.47±1.93	22.94±3.00	22.42±2.49	—
右侧切口	年龄/岁	49.85±8.39	51.25±8.79	51.12±8.27	—
	BMI 指数	22.57±2.54	21.84±2.98	23.00±2.84	—
双侧切口	年龄/岁	—	53±8.49	52.6±9.63	—
	BMI 指数	—	25.37±7.77	21.86±1.93	—

Shapiro-Wilk 正态检验显示数据分布呈现正态特征。由于病例量差异较大，根据倾向性评分，进行病例筛选，各组同侧切口同种材料选出同等数量病例使用 R 语言 Matchit 包进行匹配分析。由于使用数最少的是氧化再生纤维素纱布（单独使用一个材料），有 45 例，因此，每个材料组选出 45 例。完成匹配后基线指标情况如表 2-3-3 所示。

表 2-3-3 匹配后病例基线指标

指标		氧化再生纤维素纱布组	微纤维蛋白止血粉组	胶原蛋白海绵组
年龄/岁		49.13±7.93	54.17±7.34	49.92±7.96
BMI 指数		22.09±2.33	22.87±3.11	21.64±2.45
左侧切口	年龄/岁	48.19±7.39	55.44±7.50	50.81±9.64
	BMI 指数	21.47±1.93	23.27±2.85	21.00±1.91
右侧切口	年龄/岁	49.85±8.39	52.47±7.07	49.33±6.16
	BMI 指数	22.57±2.53	22.05±2.91	22.39±2.43
双侧切口	年龄/岁	—	53±8.49	52.6±9.63
	BMI 指数	—	25.37±7.77	21.86±1.93

可以看到基线数据已进行平衡。使用中选病例进行成本和效果分析。

3.4.3 成本分析

从成本方面分析，使用三种止血材料的成本差异较大，如表 2-3-4 所示。

表 2-3-4 成本分析结果

指标	氧化再生纤维素纱布组	微纤维蛋白止血粉组	胶原蛋白海绵组	p 值
住院总费用/元($\overline{x}\pm s$)	16269.97±7760.39	11850.26±3942.11	12918.74±3823.60	0.0002654
人工费用/元($\overline{x}\pm s$)	1671.21±849.76	1158.59±551.43	1303.74±517.31	0.0008105
实验室诊断费/元($\overline{x}\pm s$)	3612.07±1177.93	3287.09±1062.76	3161.21±729.71	0.08562

续表

指标	氧化再生纤维素纱布组	微纤维蛋白止血粉组	胶原蛋白海绵组	p 值
药费/元($\overline{x}\pm s$)	1678.98±1257.74	1157.47±831.90	1756.03±941.23	0.01072
耗材类费用/元($\overline{x}\pm s$)	9104.32±5566.78	6038.54±2031.84	6482.13±1734.79	0.0000817
血液制品类费用/元($\overline{x}\pm s$)	203.39±89.42	208.57±106.49	215.63±67.53	0.7994

注：住院总费用=人工费用+实验室诊断费+药费+耗材类费用+血液制品类费用。

三组中总费用最高的是氧化再生纤维素纱布组。而微纤维蛋白止血粉组的总费用最低，胶原蛋白海绵组的总费用适中。各项成本中平均值差异最大的是耗材类费用，其次是实验室诊断费和人工费用。

有显著性差异的成本主要是耗材类费用、药费、人工费用。耗材类费用主要来自术中耗材，包括人工假体、止血材料、缝线等。药费差异则来自中药、预防性抗生素使用及手术麻醉药物的差异。人工费用主要来自手术人工费用。

可以看到，使用止血材料的成本差异主要体现在耗材方面。尽管根据推测止血材料可以降低血液制品类费用，但实际没有显著性差异。

3.4.4 效果分析

从效果方面分析，使用三种不同止血材料的效果差异不大，如表 2-3-5 所示。

表 2-3-5 效果分析结果

指标	氧化再生纤维素纱布组	微纤维蛋白止血粉组	胶原蛋白海绵组	p 值
出血量/mL($\overline{x}\pm s$)	26.04±17.95	19.48±7.31	22.5±11.25	0.16014
总引流液量/mL($\overline{x}\pm s$)	120.0±144.84	91.82±52.90	96.41±51.50	0.4179
平均切口使用金额/元($\overline{x}\pm s$)	1072.85±326.08	1061.16±222.79	1058.43±313.60	<0.001
平均切口使用材料量($\overline{x}\pm s$)	(99.95±17.70)cm^2	(1.31±0.0002)mL	(142.42±41.16)cm^2	
手术时间/min($\overline{x}\pm s$)	125.02±74.54	95.04±33.23	100.19±40.55	0.0156
术后住院时间/d($\overline{x}\pm s$)	3.43±1.15	3.67±0.97	3.35±1.10	0.3307

所有较为受关注的指标的有效性差异均不高。作为辅助评价的指标，平均切口使用金额和手术时间差异比较显著。这可能是导致人工费用差异和药费差异的主要原因。对于平均切口使用材料量，由于微纤维蛋白止血粉的形式与另两者不同，无法计算 p 值，但氧化再生纤维素纱布组和胶原蛋白海绵组比较的 p 值小于 0.001。

3.5 讨论与展望

根据成本和效果的对比，可以看到，尽管平均切口使用材料量较多，但胶原蛋白海绵的止血效果和康复成本基本与其他 2 种材料相差不大。如果从手术时间和使用效率的角度考虑，微纤维蛋白止血粉是更适合此手术的止血材料，但是从综合效益的角度考虑，胶原蛋白海绵可能是最适合此手术的止血材料。

由于回顾性研究会丢失一定的相关数据，无法对患者的精神状态进行评价，且对术后并发症的描述比较模糊，没有明确指明是否发生了并发症，无法获得并发症的发生率及质量调整生命年用于评价不同止血材料的增量成本效果比。因此在后续研究中，需要进行前瞻性研究，并统一评估指标，进行较为全面的成本效益分析。

（浙江大学医学院附属第一医院　王吉鸣、潘瑾、孙静）

案例4 国产和进口等离子手术电极临床使用差异研究

4.1 项目背景

近年来，随着“健康中国”战略的实施，现代医学飞速发展，医疗卫生领域新产品、新技术层出不穷，人民群众健康水平显著提高。伴随着医用耗材的广泛应用，其品种、规格不断推陈出新，我国的卫生总费用也在逐年增长，根据国家统计局数据，我国卫生总费用已从2015年的40974.64亿元增加到2022年的84846.70亿元。寻求更好的管理途径、加快国产替代进程来控制政府采购中医用耗材的支出，提升医保基金使用效率已成为公立医院重点关注的课题。长期以来，国内大多数细分领域市场仍以进口为主。为此，国家发布了一系列政策来促进行业的发展，国内头部企业实现了市场份额的加速提升。从国家陆续出台的政策中不难看出，如何合理使用医用耗材，做好同类进口、国产医用耗材临床使用评价，在政策指导下如何用科学的手段提供决策支持，将是公立医院管理中的一项重要工作。

等离子手术电极是低温等离子射频消融术的主要耗材之一，低温等离子射频消融术因具有安全性高、创伤小、出血少等特点已经广泛应用于扁桃体肥大、下鼻甲肥大、鼾症等耳鼻咽喉科疾病的治疗。目前，国内现有的等离子手术电极市场中，进口品牌份额仍高于国产品牌，国产和进口产品价格悬殊，两者的临床效果差异是否真实存在、是否有必要使用高价的进口等离子手术电极目前无相关官方使用指南支持。浙江大学医学院附属儿童医院临床常用的等离子手术电极为进口和国产各1种，进口电极的单价是国产电极的1.83倍，本研究旨在基于浙江大学医学院附属儿童医院真实诊疗环境的真实数据，通过设立合理的评价指标，研究进口与国产等离子手术电极是否存在差异，为临床在产品选择上提供数据支持和理论依据，为耗材采购部门的采购决策提供参考。

4.2 评价目标与内容

4.2.1 项目目标

利用真实世界数据开展国产和进口等离子手术电极临床使用差异研究，探索、构建和推广高值医用耗材临床数据采集和评价体系。

4.2.2　项目内容

本研究开展基于真实世界数据的观察性研究，依据 PICOTS 原则设计队列研究。目标患者群体（patient）为需要采用低温等离子电极进行手术的患儿，干预措施（intervention）和对照（comparator）为手术中使用的国产和进口低温等离子电极，结局（outcome）为术后的安全性、有效性以及手术的经济性指标，研究的时间范围（timing）分为 2024 年 3 月至 10 月，研究场所（settings）为浙江大学医学院附属儿童医院。选取 2024 年 3 月—2024 年 10 月在浙江大学医学院附属儿童医院进行腺样体切除术的患者，排除资料缺失者、既往已行腺样体扁桃体切除手术者、因疾病或年龄等因素影响电极选择的患者。在临床医生和信息科的帮助下收集患者的基本资料、临床数据和术后复诊数据，然后进行数据分析。

4.3　评价方法

4.3.1　评价指标

按照文献循证研究、临床专家意见和临床试验相关资料，从安全性、有效性、经济性三个维度确定初步评价指标，如图 2-4-1 所示。

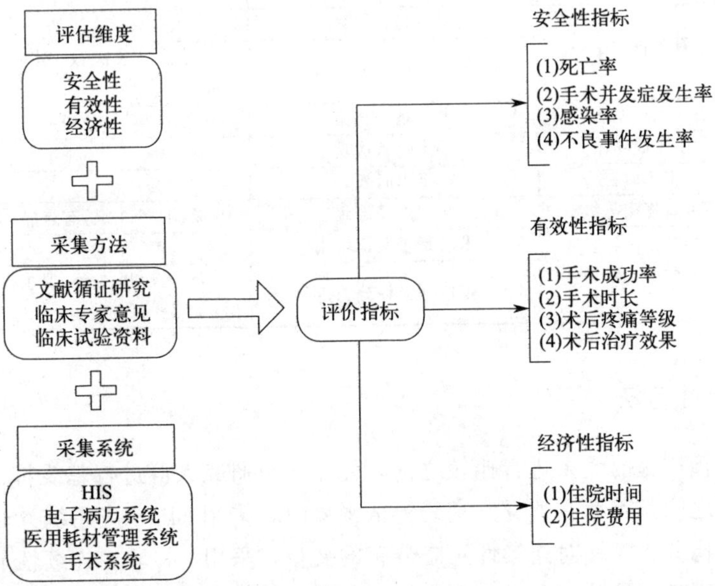

图 2-4-1　评价指标

细化指标如表 2-4-1 所示。

表 2-4-1 细化指标

<table>
<tr><th>维度</th><th>指标</th><th>细化指标</th><th>说明</th></tr>
<tr><td rowspan="6">基础信息</td><td>社会人口学特征</td><td>病案号、姓名、年龄、体重、性别</td><td>—</td></tr>
<tr><td rowspan="3">疾病特征、手术特征</td><td>腺样体肥大等级</td><td>1 级：腺样体占鼻咽腔上部 0%～25%
2 级：腺样体占鼻咽腔上部 25%～50%
3 级：腺样体占鼻咽腔上部 50%～75%
4 级：腺样体占鼻咽腔上部>75%</td></tr>
<tr><td>扁桃体肥大等级</td><td>1 级：双侧扁桃体位于前后弓之间
2 级：一侧或双侧扁桃体超出腭咽弓，但未到腭咽弓与悬雍垂中线间的中点
3 级：一侧或双侧扁桃体达到或超过腭咽弓与悬雍垂中线间的中点，但未达到悬雍垂中线
4 级：一侧或双侧扁桃体达到或超过悬雍垂中线</td></tr>
<tr><td>是否有中耳炎、鼻窦炎、鼻炎</td><td></td></tr>
<tr><td rowspan="2">术前检查指标</td><td>术前：张口呼吸评分、打鼾评分</td><td>0 分：无症状；1 分：偶尔发生；2 分：频繁发生；3 分：每夜发生</td></tr>
<tr><td>术前：收缩压、舒张压、心率</td><td></td></tr>
<tr><td>经济性指标</td><td>住院时间、住院费用</td><td>住院时间、住院费用</td><td></td></tr>
<tr><td rowspan="6">安全性指标</td><td>死亡率</td><td>是否死亡</td><td></td></tr>
<tr><td rowspan="2">手术并发症发生率</td><td>术中咽鼓管圆枕是否损伤</td><td></td></tr>
<tr><td>是否有其他并发症</td><td></td></tr>
<tr><td rowspan="2">不良事件发生率</td><td>术后是否出血</td><td></td></tr>
<tr><td>术中电极堵塞次数</td><td>若无法记录次数，则采用“少、中、多”区分</td></tr>
<tr><td>感染率</td><td>术后是否感染</td><td>发烧、咳嗽、其他炎症</td></tr>
<tr><td rowspan="5">有效性指标</td><td>手术成功率</td><td>手术是否成功</td><td></td></tr>
<tr><td>手术时长</td><td>手术时长</td><td></td></tr>
<tr><td>术后疼痛等级</td><td>术后疼痛等级</td><td>0 级：不痛；1 级：有点痛；2 级：非常痛</td></tr>
<tr><td rowspan="2">术后治疗效果</td><td>术后是否残留增生</td><td></td></tr>
<tr><td>术后：张口呼吸评分、打鼾评分</td><td>0 分：无症状；1 分：偶尔发生；2 分：频繁发生；3 分：每夜发生</td></tr>
</table>

4.3.2 统计方法

在对干预措施的效果进行比较之前，先对每组研究人群进行基线特征分析，判断每组人群之间是否存在差异。基线特征平衡时，采用 SPSS 应用统计软件进行各项指标的对比分析，针对连续性正态分布的变量，采用 t 检验；连续性非正态分布的变量，采用秩和检验；分类型样本量充足的变量，采用卡方检验；分类型样本量小的变量，采用 Fisher 精确概率检验。

4.4 评价结果

4.4.1 样本分析

首先对评价指标、采集方法、手术过程、历史数据进行梳理和优化，然后开展基于真实世界数据的观察性研究。最终入选的样本量有 384 条，其中使用国产低温等离子电极的有 192 条，使用进口低温等离子电极的有 192 条。

本研究入选样本基本信息和疾病特征分布基本一致，反映分组比较均匀，因此研究结果具有参考价值。腺样体肥大和扁桃体肥大等级分布如图 2-4-2 所示。

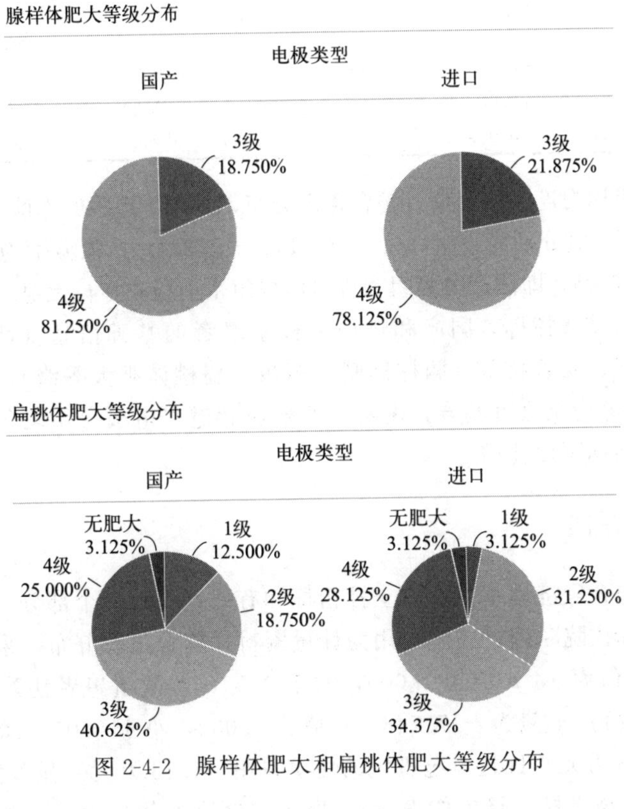

图 2-4-2 腺样体肥大和扁桃体肥大等级分布

4.4.2 基线评估

社会人口学特征中的年龄、体重为连续性变量且符合正态分布，对年龄采用 t 检验，检验 t 值为 0.326，p 值为 0.745，大于 0.05，即两组患者年龄无显著差异；对体重采用 t 检验，t 值为−0.353，p 值为 0.724，大于 0.05，即两组患者体重无显著差异。性别属于分类变量，根据数据结果选择卡方检验或者 Fisher 精确概率检验，经判断未超过 20%的格子理论频数（期望频数）$T<5$，或者至少一个 $T<$

1，因而选择卡方检验。国产电极组男、女占比分别为65.6%和34.4%，进口电极组男、女占比分别为62.5%和37.5%，检验卡方值为0.407，p值为0.523，大于0.05，即两组患者性别无显著差异。

疾病特征和手术特征假设检验结果如表2-4-2所示，检验p值均大于0.05，即无显著差异。

表2-4-2 疾病特征和手术特征的假设检验结果

项目	腺样体肥大等级	扁桃体肥大等级	术前张口呼吸评分	术前打鼾评分	是否有中耳炎	是否有鼻窦炎	是否有鼻炎
国产电极组	195.50	189.50	195.41	198.50	是(94%) 否(90.6%)	是(3.1%) 否(96.9%)	是(15.6%) 否(84.4%)
进口电极组	189.50	195.50	189.59	186.50	是(12.5%) 否(87.5%)	是(3.1%) 否(96.9%)	是(18.8%) 否(81.3%)
Z值/χ^2值	−0.076	−0.554	−0.850	−1.849	0.962	0.000	0.659
p值	0.447 (>0.05)	0.579 (>0.05)	0.395 (>0.05)	0.064 (>0.05)	0.327 (>0.05)	1.000 (>0.05)	0.417 (>0.05)

术前检查指标为连续性变量且符合正态分布，采用t检验。术前心率、术前收缩压和术前舒张压t值分别为−0.106、−1.515、−1.234，p值分别为0.916、0.131、0.218，均大于0.05，即国产电极组和进口电极组术前检查指标无显著差异。

综上，针对基线指标，国产和进口电极组患者的基础信息（性别、年龄、体重）无显著差异，疾病特征（腺样体肥大等级、扁桃体肥大等级）、术前检查指标（心率、血压）等均无显著差异，说明国产电极和进口电极分组均匀，基线指标均衡，因而结局指标可以比较。

4.4.3 结局评估

结局指标包含经济性指标、安全性指标和有效性指标三个部分。

经济性指标住院时间、住院费用为计量资料且符合正态分布，采用t检验。对于住院时间，t值为0，p值为1.000，大于0.05，即两组患者住院时间无显著差异。对于住院费用，t值为−17.546，p值为0.000，小于0.05，即国产电极组的住院费用（0.76万元）比进口电极组的住院费用（1.13万元）显著低0.37万元。

有效性指标假设检验结果如表2-4-3所示，检验p值均大于0.05，即均无显著差异。

表2-4-3 有效性指标的假设检验结果

项目	手术时长/min($\overline{x}\pm s$)	术后疼痛等级	术后打鼾评分	术后是否残留增生	术后心率/(次/min)($\overline{x}\pm s$)	术后舒张压/mmHg($\overline{x}\pm s$)	术后收缩压/mmHg($\overline{x}\pm s$)
国产电极组	23.66±8.32	192.50	192.50	是(0.0%) 否(100.0)	97.59±11.9	62.34±9.08	106.50±11.47

续表

项目	手术时长/min($\overline{x}\pm s$)	术后疼痛等级	术后打鼾评分	术后是否残留增生	术后心率/(次/min)($\overline{x}\pm s$)	术后舒张压/mmHg($\overline{x}\pm s$)	术后收缩压/mmHg($\overline{x}\pm s$)
进口电极组	24.66±9.96	192.50	192.50	是(0.0%) 否(100.0)	99.25±12.92	64.00±9.56	108.38±11.82
平均值差值	−1.00	0	0	0	−1.66	−1.66	−1.88
t 值/Z 值/χ^2 值	−1.082	0	0	0	−1.324	−1.764	−1.598
p 值	0.280(>0.05)	1.000(>0.05)	1.000(>0.05)	1.000(>0.05)	0.186(>0.05)	0.079(>0.05)	0.111(>0.05)

安全性指标假设检验结果如表 2-4-4 所示。检验 p 值均大于 0.05，即两种电极安全性指标无显著差异。

表 2-4-4　安全性指标的假设检验结果

项目	术中咽鼓管圆枕是否损伤	术后是否出血	术后是否感染
国产电极组	是(6.2%) 否(93.8%)	是(3.1%) 否(96.9%)	是(21.9%) 否(78.1%)
进口电极组	是(3.1%) 否(96.9%)	是(6.3%) 否(93.8%)	是(18.8%) 否(81.3%)
χ^2 值	2.098	2.098	0.579
p 值	0.147(>0.05)	0.147(>0.05)	0.447(>0.05)

4.5　讨论与展望

本研究基于真实诊疗环境数据开展回顾性研究，深入了解手术现状并与临床充分沟通，结合文献循证研究、临床专家意见和临床试验相关资料，从安全性、有效性、经济性三个维度确定初步评价指标，排除非随机的因素，降低对正常医疗的影响，最终研究顺利推进。研究结果显示，两种电极在有效性和安全性上无显著差异，但经济指标差异明显，使用国产电极可降低医疗成本，这表明二者临床效果相当，能够相互替代。然而，进口耗材由于起步早、技术成熟，市场份额高，使用频率和受认可度也相对较高，其遵循严格的国际标准和质量管控体系，能保障产品质量的可靠与安全，为临床提供优质选择，且多处于前沿地位，能给患者带来更好的治疗效果和就医体验。为顺应未来国产替代趋势，笔者提出以下建议。

4.5.1　我国医用耗材生产企业应加大研发投入，以提高市场竞争力

从经营主体角度看，我国是世界第二大医疗器械市场，市场份额已接近全球市场的三分之一。2012 年至 2023 年，我国医疗器械市场规模由 2966 亿元增至 12700 亿元。此外，医用耗材带量采购正在常态化地推进，除了国家带量采购外，省级联

盟带量采购和省级带量采购也在加快进程，这对于我国医用耗材生产企业来说既是挑战也是机遇。国产器械亟待强化科研攻坚，提升产品的技术附加值与核心竞争力。国产企业唯有持续加大科研投入，方能驱动国产器械于技术迭代、品质优化、绿色节能、服务升级等维度实现全方位、持续性的跨越发展，有力助推市场理性竞争，从而提升国产医用耗材的国际竞争力。

4.5.2 医疗从业者和患者应转变观念，客观认识和接纳国产医用耗材

医疗从业者和普通患者对国产医用耗材主要存在以下误解：①质量误解，随着国内技术的进步，很多国产医用耗材在质量把控上已经达到甚至超过国际标准；②技术误解，但目前我国医用耗材生产企业在诸如骨科植入物、心内科介入物等众多领域的技术创新成果显著，有不少自主研发的先进技术已经应用到产品中。民众需与时俱进，积极接纳国产医用耗材在医疗领域中的应用和发展。

4.5.3 各医疗机构应积极建立和完善医院内部的医用耗材综合价值评估体系

随着医疗卫生领域新技术的日新月异和医用耗材研发水平的不断提升，大量新医用耗材的出现，使患者对诊疗体验和预后情况有了更高的期待，这也给医用耗材管理部门提出了更高的要求。院内基于综合价值的医用耗材临床合理使用评价体系，需要符合国家卫生政策规定，顺应科学价值和社会需求的动态变化，还应兼顾创新性、适宜性以及对患者临床使用结果的影响等多维度评估因素，遵循“定量数据最大化，定性数据标准化”原则，根据综合价值评价体系对每一个医用耗材的价值形成定量得分，使医用耗材管理实现“由主观走向客观，定性走向定量”，在保证医疗质量与安全的前提下，提高合理用耗水平，降低廉政风险，维护患者权益。

（浙江大学医学院附属儿童医院 华婷、鲍莉、俞刚）

案例 5 基于真实世界数据的超声刀临床使用评价

5.1 项目背景

2020 年，福建省立医院国产超声刀使用量为 775 把，进口超声刀使用量为 415 把，国产超声刀均价为 3200 元/把，进口超声刀均价为 6000 元/把，二者单价相差近一倍。此外，国产产品在不同科室的使用反馈相差也很大。

5.2 评价目标与内容

对于管理部门来讲，如何客观评价该品种成为一个亟待解决的问题。由于相关政策的变化，2021 年起福建省立医院停用进口产品。此前针对超声刀的研究得到阳性结果，时隔两年，国产产品不断改进升级，因此本研究利用进口产品 2021 年的数据再次进行比较，从数据层面上观察进口产品和国产产品的差异是否改变。

5.3 评价结果

该案例研究人群为行腹腔镜左肝手术的患者。国产组为使用国产超声刀手术的患者，进口组为使用进口超声刀手术的患者。结局指标为手术时长和术中出血量，研究类型为回顾性队列研究。第一次评价时，回顾性选取 2019 年 9 月至 2021 年 7 月病案系统中手术术式包含“左肝”的患者 67 例，经纳入排除标准筛选后共 56 例，其中使用国产超声刀的有 20 例，使用进口超声刀的有 36 例。第二次评价时，通过病案系统检索 2023 年 1—6 月手术术式包含“左肝”的患者，筛选后得到 60 例国产组患者，与 2021 年的 36 例进口组患者进行比较，运用 SPSS25 软件进行医学统计分析，计量资料采用 t 检验，计数资料采用卡方检验，$p<0.05$ 为差异具有统计学意义，结果见表 2-5-1、表 2-5-2、表 2-5-3。

表 2-5-1 入选患者基线特征比较

项目	进口组	2021 年国产组	p 值	2023 年国产组	p 值
年龄/岁($\bar{x}\pm s$)	56.06±13.66	58.05±8.75	0.559	59.15±13.28	0.277
性别[n(%)]					
男	19(52.8%)	11(55.0%)	0.873	41(68.3%)	0.127
女	17(47.2%)	9(45.0%)		19(31.7%)	

续表

项目	进口组	2021 年国产组	p 值	2023 年国产组	p 值
切口类别[n(%)]					
Ⅰ	3(8.3%)	1(5.0%)		1(1.7%)	
Ⅱ	30(83.3%)	15(75.0%)	0.571	54(90.%)	0.428
Ⅲ	3(8.3%)	4(20.0%)		5(8.3%)	
合并糖尿病[n(%)]					
是	4(11.1%)	4(20.0%)	0.608	5(8.3%)	0.928
否	32(88.9%)	16(80.0%)		55(91.7%)	
合并高血压[n(%)]					
是	9(25.0%)	2(10.0%)	0.316	18(30.0%)	0.598
否	27(75.0%)	18(90.0%)		42(70.0%)	
联合手术[n(%)]					
是	25(69.4%)	14(70.0%)	0.965	49(81.7%)	0.168
否	11(30.6%)	6(30.0%)		11(18.3%)	

表 2-5-2 结局指标比较

项目	进口组	2021 年国产组	p 值	2023 年国产组	p 值
合计/例	36	20		60	
手术时长/min($\overline{x}\pm s$)	136.61±49.42	173.25±72.53	0.029	152.8±65.84	0.206
术中出血量/mL($\overline{x}\pm s$)	134.29±75.51	150±81.03	0.394	110.83±87.34	0.189

表 2-5-3 手术时长多重线性回归分析

参数	2021 年模型			2023 年模型		
	回归系数(B)	标准误差	p 值	回归系数(B)	标准误差	p 值
年龄	−0.151	0.5672	0.791	0.093	0.447	0.836
性别(女)	7.313	12.6706	0.564	19.366	11.037	0.083
合并糖尿病	45.605	18.1417	0.012	11.042	18.696	0.556
合并高血压	−19.698	17.5423	0.261	20.287	12.354	0.104
使用进口耗材	−27.055	13.0349	0.038	−8.365	11.046	0.451
切口类别	59.807	28.5083	0.036	40.665	15.25	0.009
联合手术	29.045	13.9294	0.037	58.342	13.424	0.000

从表 2-5-1 可知，2 组基线数据 p 均大于 0.05，两组组间无差异，入组患者均衡可比。从表 2-5-2 可知，在手术时长上，2021 年国产组和进口组有差异（$p=0.029$），2023 年国产组和进口组无差异（$p=0.206$）。从表 2-5-3 可知，2021 年使用进口超声刀、合并糖尿病、切口类别和联合手术是手术时长的影响因素，2023 年仅切口类别和联合手术是手术时长的影响因素（$p=0.009$ 和 $p=0.000$）。

5.4 讨论与展望

2 次统计分析中，进口组、国产组手术时长 t 检验结果和回归模型存在差异的可能原因有：国产产品不断迭代，性能提升，对减少手术时间有帮助；由于未区分不同品牌的国产产品，不同品牌产品的性能参差不齐，某个品牌的产品可能性能更优未能被识别出来，但提高了国产组的整体表现；2023 年的样本量较 2021 年多，数据的效应较好，减少了信息偏倚；使用部门原来较少使用国产产品，经过两年的磨合，使用较前更为趁手。

由上可以看出，医用耗材尤其是手术相关的耗材，由于其更新换代速度较快，其临床使用评价存在时效性，如需为决策部门提供管理依据，应尽量缩短评价周期。同时，作为使用者的临床医生的直观感受应该是最重要的，2023 年的统计数据虽然表明国产产品在结局指标上和进口产品的差异无统计学意义，但临床使用的感受还是有差异的，期待国产厂家持续改进，使产品更加方便医生使用。

（福建省立医院　郑沁春、张晓霞、陈实）

第三章
血管通路耗材

案例 1　藻酸盐和止血海绵敷料在白血病患者经外周静脉置入中心静脉穿刺术（PICC）置管中的应用评价

1.1　项目背景

血液病患者数量日益攀升，最新数据显示，淋巴瘤、白血病分别占我国癌症新发病例数的第 13、14 位。血液病患者常伴有血小板减少、凝血功能障碍，易导致出血症状，其中 50%白血病患者有自发性出血症状。研究表明，急性髓系白血病（AML）初诊患者接受诱导化疗时，外周血原始细胞清除（peripheral blood blast clearance，PBBC）的最佳临界值为 6.5d，PBBC 时间短且初诊时白蛋白水平正常的患者总生存期（OS）最长，因此，尽早治疗尤为重要。早期血液病患者需要快速输血、补液、化疗，急需建立一条中心静脉通路。UpToDate 临床决策指出：凝血异常或重度血小板减少患者一般不采取锁骨下入路，大多患者选择经外周静脉置入中心静脉穿刺术（peripherally inserted central catheter，PICC），但它是一项有创操作，是将硅胶材质的软管从肘前部的贵要静脉穿刺置入，沿血管走行最终到达上腔静脉。而《经外周静脉穿刺中心静脉置管操作技术专家共识》指出：PICC 置管的相对禁忌证有凝血功能障碍和血小板水平低下，血小板水平严重低下者不宜行 PICC 置管，因此，如何在保障治疗的同时有效预防 PICC 渗血成为护理的关键问题。

据文献调研，血小板水平低下时，PICC 穿刺点渗血发生率为 100%；穿刺点持续渗血（>3d）发生率为 24.1%；血小板数量低于 $20\times10^9/L$ 的患者，穿刺点持续渗血发生率为 50%；造血干细胞移植（HSCT）患者 PICC 置管后穿刺部位红肿、渗血的发生率为 29.3%～80.0%。PICC 穿刺点渗血易发生的时间为置管后

12～24h。《血管导管相关感染预防与控制指南》推荐：若穿刺部位发生渗液、渗血，应及时更换敷料。然而，频繁更换敷料，会增加患者医疗费用（PICC 维护一次约 90 元），且存在导管相关性血流感染风险；护士进行一次 PICC 维护需 20～30min，这不仅增加了护士的工作量，而且增加了护理难度。2023 年 1—12 月数据显示，襄阳市中心医院白血病患者 PICC 置管例数为 112 例，24h 内渗血发生率为 80%，持续渗血发生率为 25.2%。因此，本研究将分析白血病患者 PICC 置管后，使用藻酸盐和止血海绵敷料的止血效果，计算及分析藻酸盐和止血海绵敷料的成本效益，为临床工作者提供真实可靠的数据支持，从而合理选择止血敷料，降低医疗成本。

1.2 评价目标与内容

1.2.1 项目目标

① 分析白血病患者 PICC 置管后，使用藻酸盐和止血海绵敷料的止血效果，通过临床试验、专家评价等方式，形成临床使用评价报告。

② 计算及分析藻酸盐和止血海绵敷料的成本效益。

1.2.2 项目内容

① 在白血病患者 PICC 置管后，随机使用藻酸盐或止血海绵敷料对穿刺点进行止血，分析两组患者的止血效果。

② 采用成本效益分析研究核算和比较藻酸盐和止血海绵两种敷料的成本，为决策者和实践者选择合适的止血材料提供经济学证据。

1.3 评价方法

1.3.1 研究设计

本研究为随机分组对照、单盲实验设计。

1.3.2 研究对象

2023 年 10 月—2024 年 10 月期间，在襄阳市中心医院行 PICC 的白血病患者。

1.3.3 实施方法

随机序列的产生采用简单随机化分组法，随机数字 0～4 为藻酸盐组，5～9 为止血海绵组，随机序列由不参与具体研究的人员产生，并将产生的随机序列和藻酸盐或止血海绵提前放入不透光信封中密封保存。在 PICC 专科护士置管结束后，由另一名护士随机抽取一个信封给置管人员，置管人员将信封内的藻酸盐或者止血海绵用于 PICC 穿刺点止血。项目组成员定时随访，查看患者敷料渗血情况，并予以记录。

1.3.4 样本量计算

使用 G-power3.1 软件进行计算，设定效应值为 0.3，$\alpha=0.05$，power=0.8，组数为 2，加上 20%流失率，总样本量为 110 例，干预组（采用藻酸盐敷料）55 例，对照组（采用止血海绵敷料）55 例。

1.3.5 临床效果指标

① 患者一般资料：姓名、住院号、性别、年龄、疾病、置入导管类型、隧道式 PICC、置入时间、置入位置、置入时血小板计数。

② PICC 置管 7 天内敷料使用情况：PICC 置管术后首次发现敷料渗血时间（距离 PICC 置管的时间），首次更换贴膜时敷料渗血面积，首次更换敷料时间（距离 PICC 置管的时间，单位为 h），PICC 继发渗血后第二次更换敷料时间（距离 PICC 置管的时间，单位为 d），置管一周内渗血敷料的数量，置管一周内穿刺点是否出现脓性分泌物、红肿、疼痛等感染征象。

1.3.6 统计学方法

采用 SPSS 22.0 软件对数据进行统计分析。正态分布的计量资料以均数±标准差（$\bar{x}\pm s$）表示，组间比较采用 t 检验；非正态分布的计量资料以中位数和四分位数间距［M（$P25$，$P75$）］表示，组间比较采用 Mann-Whitney U 检验。计数资料以例数和百分率表示，组间比较采用卡方检验。导管相关并发症发生风险应用相对危险度（relative risk，RR）和 95%置信区间（confidence interval，CI）表示。以 $p<0.05$ 为差异有统计学意义。

1.4 评价结果

1.4.1 PICC 置管后首次发现敷料渗血时间

患者在 PICC 置管后 2h、6h、12h、24h 内各时间段，首次发现敷料渗血的时间无统计学意义（$p>0.05$），24h 内两种敷料对渗血吸收效果相同，见表 3-1-1。

表 3-1-1　PICC 置管后首次发现敷料渗血时间

时间	止血海绵组($n=56$)		藻酸盐组($n=60$)		χ^2 值	p 值
	例数	发生率/%	例数	发生率/%		
<2h	8	14.3	5	10.0	2.098	0.143
2～6h	9	16.1	5	10.0	0.811	0.364
6～12h	11	19.6	7	14.0	0.954	0.321
12～24h	13	23.2	9	18.0	3.132	0.079

1.4.2　首次更换贴膜时敷料渗血面积

首次更换敷料时，藻酸盐组渗血面积较止血海绵组少（$p<0.05$），说明藻酸盐吸收性较好，见表 3-1-2。

表 3-1-2　首次更换贴膜时敷料渗血面积

渗血面积	止血海绵组($n=56$)		藻酸盐组($n=60$)		Z 值	p 值
	例数	发生率/%	例数	发生率/%		
<25%	37	66.0	52	86.7	3.654	0.044
25%～50%	12	21.4	5	8.3		
50%～75%	5	9	2	3.3		
>75%	2	3.6	1	1.7		

结论：在置管中渗血少或行隧道式 PICC 者，推荐使用止血海绵；置管过程中出血量大，有感染倾向者推荐使用藻酸盐。

1.4.3　藻酸盐、止血海绵在 PICC 穿刺点应用的成本效益

两种敷料在 PICC 穿刺点应用的成本效益关键指标见表 3-1-3。

表 3-1-3　两种耗材成本效益关键指标

项目	藻酸盐	止血海绵
单价	23 元	2.8 元
单次用量	1 片	1 片
PICC 维护费	80 元	80 元
护士换药时间	15min	15min
感染发生率	1.9%	3.3%
护士平均时薪	36 元	36 元
导管相关性血流感染(CRBSI)	单次治疗 3000 元	单次治疗 3000 元

(1) 直接材料成本

藻酸盐：30d÷7d×1 片×(23+80)元=441.43 元

止血海绵：30d÷7d×1 片×(2.8+80)元=354.86 元

(2) 护理成本

藻酸盐：5 次/月×15min×(36÷60)元=45 元

止血海绵：5 次/月×15min×(36÷60)元=45 元

（3）并发症成本

藻酸盐：0.019×3000 元＝57 元/患者

止血海绵：0.033×3000 元＝99 元/患者

将两种敷料的材料成本、护理成本、并发症成本总结于表 3-1-4。

表 3-1-4 藻酸盐和止血海绵使用成本

项目	藻酸盐	止血海绵
材料成本	441.43 元	354.86 元
护理成本	45 元	45 元
并发症成本	57 元	99 元
总计	543.43 元	498.86 元

结论：止血海绵比藻酸盐节省 44.57 元/30 天/患者，主要原因是藻酸盐单价约是止血海绵的 8 倍，虽然止血海绵抑菌功能较藻酸盐差，但是患者每 7 天按时更换 PICC 贴膜，两者感染发生率相差不大。

1.5 讨论与展望

1.5.1 讨论

关于 PICC 穿刺点渗血的相关数据不足，目前关于止血敷料的选择还未形成统一规范。

目前存在较多新型功能性敷料，如氰基丙烯酸酯胶（组织胶水），使用后可在伤口表面形成一层保护膜，但其置管后首次维护时间尚存在争议；壳聚糖是凝血功能障碍患者理想的止血敷料，然而目前国内相关研究较少，证据不足，未来还需探索。

1.5.2 展望

未来可以大量收集数据建立预测模型，精准防控 PICC 穿刺点渗血发生，探索更适合血液病患者的止血敷料。

（襄阳市中心医院　闫琼、吴吉敏、李欣悦）

案例 2　集采背景下乳腺癌患者对中心静脉输液装置选择偏好因素研究

2.1　项目背景

2020 年全球癌症统计数据显示，乳腺癌成为全球发病率最高的癌症，亦是我国女性发病率最高的癌种。化疗是乳腺癌的主要治疗手段，其主要给药途径是静脉输液。经外周静脉输注易导致静脉炎和局部组织损伤，而中心静脉血流量大、血流速度快，可迅速稀释药物，能够为乳腺癌化疗患者的输液治疗提供长期和安全的给药途径。目前临床常用的适用于乳腺癌化疗的中心静脉血管通路装置主要为经颈内静脉或锁骨下静脉等完全置入的静脉输液港（PORT）以及经外周静脉穿刺的中心静脉导管（PICC)。如何根据患者的意愿和价值偏好推荐合适的中心静脉输液通路，还缺乏相关研究。除考虑价格、医保等经济因素外，还需综合权衡产品自身的特点，如植入和取出是否需要手术，导管在体内的留置时间以及术中、术后并发症等。针对不同中心静脉输液通路的选择难题，传统的卫生技术评估、临床指南或专家共识多是通过安全性、有效性、经济学等客观维度为决策者提供证据信息，关于患者主观偏好维度的定量化证据尤为匮乏。

随着医学模式的转变和“以患者为中心”理念的发展，医生完全代替患者进行医疗决策的方式逐渐不能满足社会发展的需求，患者参与决策成为必然趋势。因此，在确定中心静脉输液通路时不仅要向患者充分解释不同输液装置的风险和获益，而且要考虑患者对费用、并发症、方便性等指标的偏好差异。

作为陈述性偏好研究的经典方法学之一，离散选择实验（discrete choice experiment，DCE）最初应用于社会学领域，例如商场选址、交通工具选择等方面，因其在实验设计和数据分析方法上的特有优势，现已广泛应用于医药卫生领域，用于测量被调查者对一系列模拟方案的选择偏好情况，研究方向主要集中在药物及治疗方案的选择偏好上。但此方法较少应用于医疗器械选择领域，因此，基于真实世界数据利用离散选择实验来研究乳腺癌患者中心静脉输液装置的选择偏好能更好地解释患者的偏好。

2.2　评价目标与内容

2.2.1　项目目标

①探讨乳腺癌化疗患者选择中心静脉输液装置的偏好。②定量计算患者为改善

某一因素的相对重要性评分（RIS）及支付意愿（WTP）。③根据RIS及WTP，为临床选用合适的输液通路提供参考。

2.2.2 项目内容

本研究利用离散选择实验方法，探索患者选择中心静脉血管通路装置的影响因素。结合患者的需求与偏好，摆脱仅考虑安全性、经济性等单一因素，更加能够反映患者真实的治疗需求及意愿，提高患者依从性，提高患者的预后及生存情况。本研究的意义在于能提高医疗服务能力，通过问卷调查的形式能让患者更清晰地了解中心静脉输液通路的选择性，这是引导患者参与医疗决策制定的有效途径，能有效提升医患沟通效果及患者满意度。另外，本研究还具备一定的政策意义，通过计算相对重要性（relative importance，RIS）及支付意愿（willingness to pay，WTP）反映患者的选择偏好，为中心静脉输液通路是否纳入医保报销目录提供参考。

2.3 评价方法

2.3.1 研究对象

根据纳入标准及排除标准，选取襄阳市中心医院确诊为乳腺癌的患者，同时符合乳腺癌辅助化疗的标准。

2.3.2 纳入标准及排除标准

纳入标准：①女性，年龄18～70岁；②经空芯针穿刺活检，病理诊断为浸润性癌；乳腺影像学检查完整；③未合并其他恶性肿瘤；④依据《中国临床肿瘤学会（CSCO）乳腺癌诊疗指南2024版》符合辅助化疗指征的患者。

排除标准：①隐匿性乳腺癌；②已有其他部位转移患者；③过早终止化疗及化疗不规范的患者。

2.3.3 构建离散选择实验方案

离散选择实验的理论基础：①备选项可通过若干属性进行解释；②个体的评估取决于这些属性的水平值；③个体的选择是基于潜在的效用函数（效用最大化）。基于以上理论假设，患者n从治疗方案i中获得的效用可用以下公式表达：$U_{ni}=\beta_0+\beta_1 X_{1ni}+\beta_2 X_{2ni}+\cdots+\beta_m X_{mni}+\varepsilon_{ni}$。借助相应的回归模型，可以计算出各因素的参数值，使得每一因素在统计分析时可以进行独立的定量评估。

2.3.4 探索患者选择中心静脉血管通路装置的属性和水平

利用 PubMed、Web of Science、中国知网（CNKI）及万方医学数据库（WanFang Data）进行文献检索，筛选相关文献以获取潜在研究属性。采用实质研究法访谈乳腺癌患者，进一步扩展相关属性。通过德尔菲法（Delphi Method），邀请乳腺领域专家对筛选出的属性进行评分，按照重要性排序，最终确定纳入的研究属性。

2.3.5 设计离散选择实验的问题方案及制作问卷

问卷包括两个主要部分。第一部分收集研究对象的基本信息（年龄、文化程度、职业、收入水平、医保类型）；第二部分为 DCE 用于评估患者的选择偏好。DCE 部分共设 6 个属性（详见表 3-2-1），其中 4 个属性包含 2 个水平，1 个属性包含 3 个水平，另 1 个属性包含 4 个水平，共形成 192 种可能组合，可进一步构成 18336 个不同选择集，应用 Stata 软件的 D-效能（D-efficiency）方法生成 14 组选择集，将其均分为 2 个版本，以减少患者填写负担。每个版本包含 7 个选择集以及 1 个一致性检验题，同时为每道题设置退出选项，模拟现实中“不参与”的可能性，如表 3-2-2。问卷要求研究对象在两种假设的中心静脉输液装置替代方案之间进行选择，并对以下 6 个特征进行评价：日常活动便利性、维护周期、血栓风险、感染风险、自付费用及取出时是否需手术。

表 3-2-1 中心静脉输液装置的离散选择实验属性水平及其定义

属性	水平	定义
日常活动便利性	是；否	日常活动，如洗澡、锻炼、穿衣等是否不便或受限制
维护周期	4 次/月；1 次/月	每个月需要去医院维护的次数
血栓风险	1%；3.5%；8%；11%	发生导管相关血栓的风险
感染风险	6.5%；11%	发生导管相关感染的风险
自付费用	1511 元；1324 元；736 元	输液通路时，患者需自付的费用（医保报销后）
取出时是否需手术	是；否	取出输液通路时，是否需要再次手术

表 3-2-2 DCE 问卷集示例

特征	A 装置	B 装置
日常活动是否便利	否	是
维护周期	4 次/月	1 次/月
血栓风险	3.5%	1%
感染风险	6.5%	11.9%
自付费用	1324 元	736 元
取出时是否需手术	否	是

2.3.6 确定样本量

根据拇指法则（thumb rule），最小样本量可以通过公式 $N>500c/(ta)$ 来估算，其中 500 是常数，c 为任意属性中的最大水平数，t 表示每份问卷中的 DCE 问题数量，a 是每个问题中选项的数量。由表 3-2-2 可知，属性水平数 $c=4$、问题数量 $t=7$、选项数量 $a=2$，代入公式得到的最小样本量为 143。

2.3.7 统计分析

采用 Stata 软件对数据进行统计学分析，计量资料以均数和标准差（$\bar{x}\pm s$）表示，计数资料以例数和百分率［n（%）］表示，运用混合 Logit 模型和条件 Logit 模型探索患者的偏好异质性。通过赤池信息量准则（AIC）和贝叶斯信息准则（BIC）比较两种模型的拟合度，并择优选取最优模型评估患者对不同属性及水平的偏好。在回归分析结果中，计算回归系数（β）、标准差（SD）和 p 值，以 $p<0.05$ 作为统计学显著性标准。通过对不同属性的回归系数偏好的权重占比，构建 RIS，分析不同属性偏好影响的效用占比。

2.4 评价结果

2.4.1 人群基本特征

研究共纳入 148 例研究对象，平均年龄为（52.8±10.5）岁；文化程度以初中为主，占 32.4%（48 例）；家庭年收入集中在 50000 元以下，占 41.9%（62 例）；主要职业为农民，占 32.4%（48 例）；医保大多数为城镇居民医疗保险，占 65.5%（97 例）。详细情况见表 3-2-3。

表 3-2-3 调查对象基本情况

特征	例数	构成比/%
最高学历		
小学	42	28.4
初中	48	32.4
高中及中专	40	27.0
大专本科及以上	18	12.2
家庭年收入		
＜50000 元	62	41.9
50001～100000 元	48	32.4
＞100000 元	38	25.7

续表

特征	例数	构成比/%
职业		
企事业单位或公务员	11	7.4
私立单位	35	23.6
个体户	17	11.5
工人	13	8.8
农民	48	32.4
自由职业或无业	24	16.2
医保类型		
城镇职工医疗保险	51	34.5
城镇居民医疗保险	97	65.5
是否了解输液装置优缺点		
是	147	99.3
否	1	0.7

2.4.2 乳腺癌患者中心静脉输液装置选择偏好及相对重要性

混合 Logit 模型（表 3-2-4）中 AIC 为 1377.29，BIC 为 1492.08，均低于条件 Logit 模型（表 3-2-5）（AIC＝1561.83，BIC＝1622.25），表明混合 Logit 模型拟合效果更优。混合 Logit 模型结果显示，医疗安全性和操作便利性对患者选择的偏好具有显著影响（$p<0.05$）。其中，降低血栓风险对患者接受度提升的作用最为显著，尤其当血栓风险降至 1.0%时，其回归系数最高（$\beta=6.298$，$p<0.001$）。降低感染风险（$\beta=2.861$，$p<0.001$）和无需手术取出（$\beta=1.096$，$p<0.001$）也显著提升了患者的偏好。在操作便利性方面，减少维护频率至 1 次/月（$\beta=2.219$，$p<0.001$）和提高日常活动便利性（$\beta=1.576$，$p<0.001$）对选择偏好有正向影响。自付费用的影响差异无统计学意义（1324 元 *vs*736 元：$p=0.56$；1511 元 *vs*736 元：$p=0.436$）。

图 3-2-1 显示，RIS 得分最高的因素为血栓风险（44.1%），其次分别为感染风险（20.1%）、维护周期（15.6%）以及日常活动便利性（11.0%），取出时是否需手术的 RIS 得分为 7.7%，自付费用 RIS 得分最低仅为 1.5%。

表 3-2-4 混合 Logit 模型

属性/水平	β	SE	p 值	SD(p)	95%CI
退出选项	−6.981	0.889	<0.001		(−8.723,−5.238)
日常活动便利性(参照水平:否)					

续表

属性/水平	β	SE	p 值	SD(p)	95%CI
是	1.576	0.342	<0.001	2.8(<0.001)	(0.905,2.246)
维护周期(参照水平:4次/月)					
1次/月	2.219	0.384	<0.001	2.641(<0.001)	(1.465,2.972)
血栓风险(参照水平:11.0%)					
1.0%	6.298	0.732	<0.001	1.16(0.006)	(4.862,7.733)
3.5%	5.664	0.659	<0.001	−0.582(0.284)	(4.371,6.956)
8.0%	4.005	0.514	<0.001	−0.028(0.927)	(2.998,5.013)
感染风险(参照水平:11.9%)					
6.5%	2.861	0.406	<0.001	1.907(<0.001)	(2.066,3.656)
自付费用(参照水平:736元)					
1324元	0.132	0.227	0.56	−0.309(0.48)	(−0.312,0.576)
1511元	0.216	0.277	0.436	1.312(<0.001)	(−0.328,0.759)
取出时是否需手术(参照水平:是)					
否	1.096	0.291	<0.001	2.048(<0.001)	(0.526,1.665)

注：观测值＝3108（3×7×148）；LRχ^2（9）＝202.54；Log likelihood＝−669.64；AIC＝1377.29；BIC＝1492.08。

表 3-2-5　条件 Logit 模型

属性/水平	回归系数	95%CI	SE	p 值
退出选项	−2.393	(−3.032,−1.755)	0.326	<0.001
日常活动便利性(参照水平:否)				
是	0.654	(0.435,0.872)	0.112	<0.001
维护周期(参照水平:4次/月)				
1次/月	0.884	(0.633,1.136)	0.128	<0.001
血栓风险(参照水平:11.0%)				
1.0%	2.479	(1.999,2.96)	0.245	<0.001
3.5%	2.265	(1.859,2.672)	0.207	<0.001
8.0%	1.546	(1.191,1.901)	0.181	<0.001
感染风险(参照水平:11.9%)				
6.5%	1.046	(0.78,1.313)	0.136	<0.001
自付费用(参照水平:736元)				
1324元	0.084	(−0.092,0.261)	0.090	0.349
1511元	0.099	(−0.162,0.36)	0.133	0.458
取出时是否需手术(参照水平:是)				
否	0.538	(0.324,0.752)	0.109	<0.001

注：观测值＝3108（3×7×148）；Waldχ^2（10）＝445.03；Log likelihood＝−770.91；AIC＝1561.83；BIC＝1622.25。

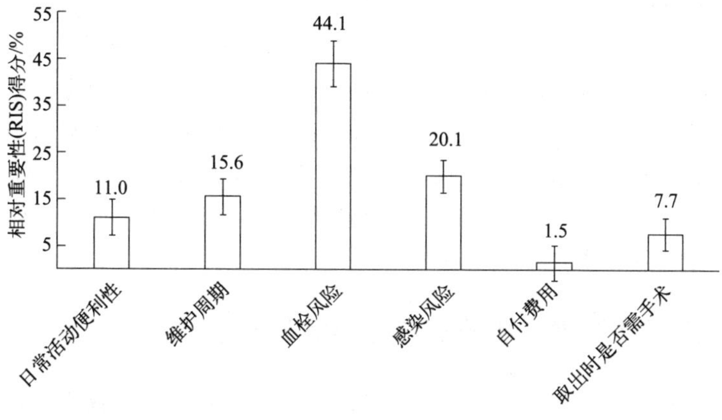

图 3-2-1　各属性相对重要性评分

2.5 讨论与展望

2.5.1 医疗安全性对患者决策的决定性作用

医疗安全性是患者决策的首要考量因素，血栓风险（44.1%）和感染风险（20.1%）的相对重要性得分远高于其他属性，表明患者对降低医疗并发症的需求极为强烈，这一结论与其他学者的研究结果一致。血栓形成和感染可能导致严重健康问题，甚至危及生命，因此患者在决策时倾向于规避此类高风险因素。根据“损失规避理论”（loss aversion theory），有研究表明，人们对潜在损失的敏感度远高于对收益的敏感度。在医疗决策中，患者往往愿意接受更高的经济成本及使用限制，以换取更低的医疗风险。在个体差异方面，混合 Logit 模型中的 SD 分析显示，尽管大多数患者对血栓风险的降低持积极态度，但存在一定的个体偏好差异。较低的血栓风险（如 1.0%）对大多数患者具有显著的正向影响（$\beta=6.298$，$p<0.001$），但也有部分患者对风险容忍度较高，这一结论可能与患者认知、健康状况、决策风格以及社会背景有关。综上所述，医疗安全性是患者决策的核心驱动力，理解个体偏好的差异更利于决策。

2.5.2 操作便利性对患者日常生活的影响及其决策权衡

操作便利性在患者决策过程中同样占据重要地位，维护周期（15.6%）、日常活动便利性（11.0%）以及取出时是否需手术（7.7%）的 RIS 得分虽低于医疗安全性，但依旧对患者的决策具有重要的影响。维护频率高表明患者需要频繁地前往医疗机构或进行自我护理，不仅增加了经济负担和时间成本，也影响了生活质量。同样，是否影响日常活动，如洗澡、运动及工作等，直接关系着患者能否正常生活。依据“健康相关生活质量模型”（HRQoL Model），医疗技术在提升生存率的同时，应尽量减少对日常生活的干扰，提升患者的整体生活质量。通过表 3-2-4 的个体差异分析，患者对操作便利性的需求存在较大变异性。部分患者更注重维护简便和无需频繁就医，而另一部分患者则较为关注是否能继续进行日常活动（$\beta=1.576$，$p<0.001$）。这表明在决策过程中对不同属性的权重存在个体化差异，需根据个体差异综合决策。充分理解并尊重患者在操作便利性方面的个体差异，将有助于提升患者的治疗体验和治疗效果。

2.5.3 经济成本对患者决策的边际影响及政策启示

相较于医疗安全性和操作便利性，经济成本对患者的影响较小，自付费用 RIS 得分仅为 1.5%，且不同费用水平对选择的影响差异不显著（$p>0.05$）。这一结果表明，患者更关注健康风险和使用体验，而非单纯的经济投入。在中国医疗集采政策的背景下，集采有效降低了中心静脉输液装置的价格，导致价格差异相对较小，患者在选择时对价格敏感度降低，经济成本对决策的影响不再显著，产品的医疗安全性和操作便利性在价格相差不大的情况下成为主要决策因素。此外，个体差异和偏好变异性也在经济决策中扮演着重要角色。例如，低收入患者可能仍较为关注价格，但价格差距缩小后，其选择的关注点更多转向治疗效果与操作便利性。综上所述，经济成本在患者决策中虽然是一个考虑因素，但由于价格差异较小，其影响远不如医疗安全性和操作便利性。

综上所述，医疗安全性是患者的首要考虑因素，尤其是血栓风险和感染风险，当血栓风险和感染风险降低时，患者往往愿意接受更高的经济成本以及更优的生活的便利性。操作便利性对患者日常生活的影响也起到重要作用，尤其是维护频率和日常活动便利性，直接关系到患者的生活质量。随着集采的实施，自付费用降低，患者对价格的敏感度降低，自付费用已不再是重要影响因素。但在实际的现实生活中，仍需充分考虑患者的个体差异与实际情况，了解患者的偏好差异及个体差异，有助于帮助临床医生更全面地理解患者偏好需求。

（襄阳市中心医院　晏玮、吴盛庆）

案例 3　基于真实世界数据的聚氨酯材质 PICC 导管带量采购前后临床应用评价研究

3.1　项目背景

受生活方式及工作压力的影响，肿瘤及慢性疾病的发病率逐年上升，医疗机构的住院患者也在不断增加，相关资料显示，80%以上的住院患者需要接受静脉治疗。经外周静脉置入中心静脉穿刺术（peripherally inserted central catheter，PICC）作为静脉治疗的辅助治疗工具，已普遍运用在长期静脉输液、抗生素治疗、肠外营养输液以及肿瘤化疗等方面，并在临床治疗中有着较好的适应性、有效性。PICC 与常规静脉留置针、中心静脉导管等传统的置管方式相比，留置时间更长、感染率更低，还能减少并发症的发生，是一种较为理想的置管方式，但其伴随着成本居高不下，在经济上患者选择的主观意愿并不强烈。PICC 导管是经外周静脉（贵要静脉等）穿刺，导管尖端位于上腔静脉与右心房交界处的导管，适用于外周静脉通路建立困难、中期至长期的静脉输液治疗等的 PICC 导管的材质主要有聚氨酯（TPU）材质和硅胶材质。

2018 年对药品进行集中带量采购揭开了我国药品分类、分级采购的序幕，药品集采政策实施以后，患者日均用药费用呈下降趋势，药品使用频率呈上升趋势，总体来看减轻了患者用药成本。随着药品的集中带量采购，药品价格大幅下降，取得较为理想的成果，国家开始对医用耗材实行集中带量采购。为进一步降低就医成本，减轻患者负担，国务院办公厅提出对临床使用量较大、金额较高以及临床使用相对成熟的高值医用耗材进行集中带量采购，2020 年底以冠脉支架作为高值医用耗材集采试点耗材，拉开了高值医用耗材集采的序幕，2021 年国家医疗保障局等部门联合发布的《关于开展国家组织高值医用耗材集中带量采购和使用的指导意见》，进一步推动了高值医用耗材集中带量采购的进程。

目前 PICC 导管带量采购缺乏一个明确的评估指标，尚未形成完善的遴选体系，大部分开展带量采购的地区和单位以价格为主，忽略了临床使用情况、品牌差异及售后服务体系。不同品牌的 PICC 导管质量存在较大差距。因国家尚未对 PICC 导管出台相关集采政策，湖北省其他地区也没有相关的政策文件，故襄阳市中心医院于 2023 年 12 月参照河南省 PICC 导管的采购标准，对 PICC 导管进行遴选并实行带量采购。本研究以 PICC 导管带量采购前后患者人均住院费用、临床使用情况及并发症情况作为关键指标展开研究，以期探索出符合襄阳市中心医院真实数据的医用耗材采购执行模式，优化临床决策。

3.2 评价目标与内容

安全性：针对聚氨酯材质 PICC 导管带量采购前后患者的并发症发生情况进行深入研究，并分析其影响因素，为减少并发症的发生提供理论依据和实践指导。

经济性：构建 PICC 导管临床使用的整体费用分析模型，比较带量采购前后聚氨酯材质 PICC 导管的临床使用情况及费用，为优化临床决策、完善 PICC 导管带量采购提供参考。

3.3 评价方法

3.3.1 安全性评价

通过真实世界回顾性研究、关键知情人访谈收集数据，统计相关并发症的发生情况，并分析影响因素。

关键知情人访谈：

访谈对象：具有 PICC 高风险资质的 PICC 专科护士。

访谈方法：开展半结构化访谈与问卷调研（不告知访谈对象 PICC 导管品牌信息）。

访谈内容：收集带量采购前后不同品牌的 PICC 导管的临床使用情况，PICC 导管临床使用情况及临床数据包括患者平均住院时间、PICC 导管平均留置时间、首套穿刺成功率、单次穿刺时间、PICC 导管维护周期、PICC 相关并发症等。如访谈数据信息不明确、缺失或有理解偏差，则对访谈对象进行回访确认。

3.3.2 经济性评价

通过 HIS 收集数据，构建 PICC 导管临床使用的整体费用分析模型。

PICC 全程总成本＝置管成本＋单次维护成本×维护次数＋拔管成本＋并发症处理成本

操作成本通过横断面调查进行测算，计价收费的材料成本和并发症处理成本通过回顾性队列研究收集。

3.3.3 统计分析法

采用 SPSS 26.0 软件进行数据的统计分析。计数资料以 n(%) 表示，组间比较视数据条件行卡方检验或 Fisher 精确检验；计量资料以 $\bar{x}\pm s$ 表示，数据如符合正态分布行 t 检验，非正态分布则采用 Mann-Whitney U 检验。以 $p<0.05$ 为差异

有统计学意义。

3.4 评价结果

3.4.1 带量采购前后患者基本资料

带量采购前共纳入患者 420 例，其中男患者 200 例、女患者 220 例，平均年龄为（57.52±12.50）岁；带量采购后共纳入 530 例患者，平均年龄为（55.78±14.61）岁。对 2 组患者的性别、平均年龄、有无并发症等一般性资料进行对比，性别、有无并发症情况采用卡方检验，平均年龄采用 t 检验，差异均无统计学意义（$p>0.05$）。综上，2 组患者基本资料差异无统计学意义，具有可比性，详细资料如表 3-3-1 所示。

表 3-3-1　带量采购前后 PICC 患者基本资料对比

组别	性别[n(%)]		有无并发症[n(%)]		平均年龄/岁
	男	女	无	有	($\bar{x}\pm s$)
带量采购前(n=420)	200(47.62%)	220(52.38%)	350(83.33%)	70(16.67%)	57.52±12.50
带量采购后(n=530)	220(41.51%)	310(58.49%)	431(81.32%)	99(18.68%)	55.78±14.61
χ^2 值/t 值	3.546		0.649		0.821
p 值	0.06		0.420		0.413

3.4.2 PICC 导管带量采购前后的临床使用情况

通过关键知情人访谈得知 PICC 导管带量采购前后临床实际使用情况，详细数据如表 3-3-2 所示。带量采购后的 PICC 导管实际平均留置时间为 5.8 个月，带量采购前的 PICC 导管实际平均留置时间为 6.5 个月（说明书中显示最大留置时间均为 12 个月）。带量采购后 PICC 导管相较于带量采购前平均留置时间缩短 10.77%；穿刺时间增加 14.21%；在穿刺过程中自动回血、导管断管和抽不出血的概率相对带量采购前大幅增加，分别为 564.91%、480.00%和 245.33%；置管后导致的并发症或不良反应发生率相对带量采购前均有上升，其中增幅前 3 名分别为静脉炎（71.83%）、心律失常（17.89%）和渗血/红肿（10.87%）。

表 3-3-2　带量采购前后 PICC 导管平均临床使用数据对比

参数	带量采购前	带量采购后	相对变化率/%
平均留置时间/月	6.5	5.8	−10.77
平均穿刺时间/min	19.57	22.35	14.21
维护周期/d	6.88	6.43	−6.54

续表

参数	带量采购前	带量采购后	相对变化率/%
误穿动脉/%	0.15	0.15	0
导管断管/%	0.1	0.58	480.00
导管异位/%	1.89	2.23	17.99
送管不到位/%	7.24	7.24	0
自动回血/%	2.85	18.95	564.91
抽不出血/%	6.42	22.17	245.33
心律失常/%	1.23	1.45	17.89
导管堵塞/%	3.15	3.42	8.57
脱管移位/%	3.87	4.02	3.88
静脉炎/%	2.52	4.33	71.83
渗血/红肿/%	5.98	6.63	10.87
静脉血栓/%	2.98	3.13	5.03
非计划性拔管/%	2.62	2.83	8.02
导管相关血流感染/%	0.15	0.15	0
皮肤过敏/%	6.77	6.77	0

注：相对变化率=(带量采购后数值－带量采购前数值)/带量采购前数值。

3.4.3 PICC导管带量采购前后的费用情况

将2023年1—5月、2024年1—5月所有植入PICC导管的患者病例进行Kruskal-Wallis检验，结果如表3-3-3所示，PICC导管带量采购前后差异有统计学意义的项目有住院总费用、卫材费（$P<0.05$），而护理费、放射费、治疗费及其他费用在带量采购前后的差异并没有统计学意义（$p>0.05$），可以推断在同等条件下，PICC导管带量采购后对患者住院费用结构有较大的影响。

表3-3-3 带量采购前后PICC患者住院费用Kruskal-Wallis检验

项目	χ^2值	自由度	p值
住院总费用	4.256	1	0.039
护理费	2.471	1	0.116
放射费	0.042	1	0.838
卫材费	211.395	1	0.001
治疗费	2.707	1	0.100
其他费用	1.177	1	0.278

如表3-3-4所示，PICC患者人均卫材费占比由带量采购前的21.43%降至带量采购后的10.99%，护理费、治疗费在带量采购以后均有不同程度上升，在一定程度上体现了医务人员的技术劳动价值，费用优化结果较好，从人均住院费用结构变化情况来看，带量采购以后卫材费占比较低，带量采购效果较好，进一步促进了医院进行医疗费用结构升级。

表 3-3-4　带量采购前后 PICC 患者人均住院费用结构情况

项目	带量采购前		带量采购后	
	金额/元	占比/%	金额/元	占比/%
护理费	482.09	3.49	708.77	4.72
放射费	82.92	0.60	85.46	0.57
卫材费	2960.65	21.43	1651.39	10.99
治疗费	1624.09	11.76	3422.33	22.78
其他费用	8665.44	62.72	9155.70	60.94
住院总费用(合计)	13815.20		15023.66	

注：卫材费包含除 PICC 导管以外的所有医用耗材费用，如敷料、输液器等。

带量采购前 PICC 导管在该院的均价为 2074.03 元，带量采购后均价为 742.16 元，降价幅度达 64.22%；其中正常的置管成本、维护成本和拔管成本相对稳定；在带量采购前并发症发生率为 16.67%，带量采购后并发症的发生率为 18.68%，并发症发生率上升幅度达 12.06%；带量采购前人均并发症处理费用合 111.88 元/次，置管人均总费用为 2765.91 元，带量采购后人均并发症处理费用合 131.87 元/次，置管人均总费用为 1454.03 元，置管人均总费用下降 47.43%，带量采购前后患者的人均植入费用均有明显差异，见表 3-3-5。

表 3-3-5　PICC 患者人均植入费用情况

项目	带量采购前(n=420)	带量采购后(n=530)	相对变化率/%	t 值	p 值
PICC 导管单价/元 ($\overline{x}\pm s$)	2074.03±282.69	742.16±123.64	−64.22	63.448	0.025
置管成本/元	400	400	0	—	—
维护成本/元	80	80	0	—	—
拔管成本/元	100	100	0	—	—
均次并发症处理费用/元 ($\overline{x}\pm s$)	111.88±3.33	131.87±3.53	17.86	−12.065	0.018
均次置管总费用/元 ($\overline{x}\pm s$)	2765.91±6.68	1454.03±4.31	−47.43	493.592	0.032
并发症发生率/%	16.67	18.68	12.06	—	—

注：均次置管总费用＝PICC 导管单价＋置管成本＋维护成本＋拔管成本＋均次并发症处理费用；PICC 导管单价＝PICC 导管总成本/置管总人数；均次并发症处理费用＝并发症处理费用总额/置管总人数。

如表 3-3-6 所示，带量采购前并发症发生人次为 70 例，单次并发症处理费用均价为（671.29±4.69）元，带量采购后的并发症发生人次为 99 例，单次并发症处理费用均价为（705.95±4.56）元，并发症均次处理费用上浮 5.16%。并发症类型中静脉炎、导管堵塞、静脉血栓、皮肤过敏的人均处理费用呈上升趋势，分别上浮 35.97%、32.57%、9.98%和 7.48%，结合表 3-3-2 和表 3-3-6 的数据来看，带量采购后的 PICC 导管相对带量采购前的 PICC 导管可能会增加静脉炎、导管堵塞的发生率；脱管移位、渗血/红肿和非计划性拔管在人均处理费用上略有下降，但因带量采购后的并发症总人次大于带量采购前的总人次，因此并不能判定在这几个项目上带量采购后的PICC导管对患者的适应性优于带量采购前的PICC导管，其中除渗血/红肿、脱管移位带量采购前后费用差异不明显（$p>0.05$）外，其余并发症类型的处理费用差异均有统计学意义（$p<0.05$）。

表 3-3-6 并发症人群均次处理费用情况分析

项目	带量前($n=70$)	带量后($n=99$)	相对变化率/%	t值	p值
并发症处理费用/元($\overline{x}\pm s$)	671.29±4.69	705.95±4.56	5.16	−16.214	0.012
导管堵塞/元($\overline{x}\pm s$)	83.82±4.95	111.12±4.43	32.57	−12.296	0.042
脱管移位/元($\overline{x}\pm s$)	37.80±4.60	35.64±4.36	−5.71	1.557	0.260
静脉炎/元($\overline{x}\pm s$)	63.39±3.46	86.19±3.35	35.97	−14.401	0.032
渗血/红肿/元($\overline{x}\pm s$)	37.35±3.67	36.98±3.73	−0.99	−0.452	0.660
静脉血栓/元($\overline{x}\pm s$)	114.53±4.32	125.96±3.77	9.98	−5.626	0.030
非计划性拔管/元($\overline{x}\pm s$)	258.49±3.21	228.47±5.23	−11.61	15.809	0.015
导管相关血流感染	—	—	—	—	—
皮肤过敏/元($\overline{x}\pm s$)	75.91±4.05	81.59±4.36	7.48	−12.751	0.036

注：—表示此次采集的数据中，尚未发现有此类情况。

3.5 讨论与展望

本研究首先通过关键知情人访谈、问卷调查等渠道收集PICC导管带量采购前后在临床的实际使用情况，并查阅相关研究文献来验证访谈结果。结果表明，带量采购后的PICC导管的留置时间、维护周期2个指标相对带量采购前的平均时间有所缩短，穿刺耗时有所增加，并发症发生率呈现不同程度的上升。在访谈中谈论到PICC穿刺时间延长的问题可能是PICC穿刺的针头出现卷边、过软等原因导致的，后续需对产品质量进一步加强把关。并发症发生率上升幅度较大的有静脉炎、导管堵塞及渗血/红肿；临床置入导管时自动回血、导管断管以及抽不出血的发生率上浮较大。导致静脉炎、导管断管发生率上升的原因可能是带量采购后的PICC导管材质较硬，患者依从度、亲和度相对较低，增加了中断治疗的发生率。自动回血、抽不出血以及导管堵塞可能与导管的膜瓣功能有一定的关系，极易导致患者出现肺栓塞的发病倾向，造成导管功能丧失。以上问题发生率的增加，会进一步增加患者治疗风险，降低临床资源的利用率，造成资源浪费。鉴于以上问题，在开展PICC导管带量采购时应该进一步关注PICC导管的质量安全问题，从临床实际使用需求出发，建立多指标质量评估体系，跟进临床使用过程中出现的问题并及时反馈，持续优化评估指标，一旦出现弄虚作假、以次充好的情况，纳入医院采购黑名单并上报相关部门。

本研究构建了患者费用分析模型，以植入PICC导管费用、并发症处理费用以及整体治疗费用为切入点，评价PICC导管带量采购前后在临床的实际使用情况，进一步优化带量采购质量评估体系，完善相关政策。通过对 PICC 导管带量采购前后患者住院费用结构进行 Kruskal-Wallis 检验，发现住院患者的人均住院总费用、卫材费差异明显，具有统计学意义。带量采购后的 PICC 导管相对带量采购前单价下浮 64.22%，降价幅度较为显著。并发症发生率由带量采购前的 16.67%变化为带量采购后的 18.68%，并发症发生率虽略有上升但相对既往研究中 23.33%的并发症发生率，本研究中带量采购后的并发症发生率在可接受范围。并发症发生与产品质量、患者个人体质以及治疗方式等因素相关，需要多重考虑。结合表 3-3-1～表 3-3-4 来看，2 组患者基本信息差异无统计学意义，除卫材费、总费用有明显差异外，其余费用差异无明显统计学意义。带量采购后卫材费大幅下降，但是人均住院总费用由带量采购前的 13815.2 元攀升至带量采购后的 15023.66 元，人均住院总费用不降反升。从治疗费用来看，带量采购后相较带量采购前增加 1798.24 元，增幅 110.72%，尤为明显，住院总费用上涨极有可能与并发症发生率升高有关。由此可见，在对 PICC 导管耗材带量采购时不能仅以 PICC 导管本身价格作为主要参考因素，还要同时考虑产品本身的临床应用效果及其费用的整体评价，给患者真正提供物美价廉的医用耗材。

另外，本研究存在一定的局限性：①护士访谈仅在襄阳市中心医院进行，符合该院的实际使用情况，未能将襄阳市其他三甲医院统一纳入考虑；②护士作为关键知情人在关于 PICC 导管带量采购前后的临床使用情况可能存在回忆偏差；③湖北省尚未对 PICC 导管进行集中带量采购，该院集中带量采购以河南省 PICC 导管集中带量采购政策作为模板进行，可能存在一定的地域偏差，在后续的研究中需要增加符合本地实际情况的地域代表；④本次研究均以短期内（6 个月以内）植入 PICC 导管患者作为研究对象，并未考虑长久植入 PICC 导管的患者（6 个月以上），分析结果有一定的时间局限性，在后续的研究中将不断完善相关问题。

（襄阳市中心医院 刘伟、杨文勇、耿姣姣）

第四章

其他专科耗材

案例 1 基于真实世界数据的人工髋关节假体临床应用研究

1.1 项目背景

人工髋关节是应用生物力学及材料学等原理制造的一种具有人髋关节功能的人造髋关节假体。随着材料学的发展和人工髋关节在临床上的不断应用，目前人工关节假体材料须兼具高强度、富韧性、可塑性、抗疲劳、耐磨损等特性，常用材料包括合金、陶瓷、高分子聚合体等。人工髋关节置换术的适应证包括股骨头缺血性坏死、髋关节骨关节炎、类风湿性关节炎、发育性髋关节脱位、股骨颈骨折、转子间骨折等髋部疾病。

随着我国人口老龄化的加重，股骨头缺血性坏死、骨性关节炎等成为中老年人群常见和高发的疾病之一，全髋关节置换术的需求持续增长，其技术日趋成熟。目前关于不同手术入路、人工智能术前规划系统辅助治疗、术后护理等多方面研究较多，而如何在不同厂家生产的同品种产品中合理选择医疗器械产品，已成为关注的焦点。2021 年 8 月国家组织高值医用耗材联合采购办公室发布的《国家组织人工关节集中带量采购公告(第 2 号)》中明确了不同材质人工髋关节产品系统类别最高有效申报价。那么在不同材质产品价格相差甚少的情况下，需要对不同材质人工髋关节假体的临床使用安全性、有效性及经济性进行评价。故本研究拟通过回顾性研究，分析真实世界中人工髋关节假体临床应用相关指标参数，并探讨高值医用耗材上市后监测模式。

1.2 评价内容

1.2.1 研究设计

由于人口统计学差异性、手术技术条件、假体类型以及是否获得有效的随访等方面的影响，本项目采用真实世界研究的方法，即观察性研究中的回顾性研究方法，对收集到的人工髋关节置换治疗严重髋关节疾病的真实世界数据进行安全性、有效性及经济性研究。按照循证医学的 PICOT 原则对研究内容进行分解，本研究的研究对象（P）为严重髋关节病变患者，干预（I）为进行人工髋关节置换治疗，对照（C）为不同材质人工髋关节假体治疗，结局（O）为术后安全性、有效性及经济性指标。数据采集时间（T）为 2017 年 1 月至 2020 年 12 月。

1.2.2　数据来源

本研究回顾性分析某三甲医院 2017 年 1 月—2020 年 12 月行人工全髋关节置换术且随访记录完整的患者信息。检索医院相关信息系统，所有患者均进行体格检查、常规实验室检查、心电图及影像学检查，明确其诊断，并符合入选和排除标准，由同一组医生完成手术。

1.2.3　纳入排除标准

纳入标准：①患者年龄 18～80 周岁（含 18 周岁和 80 周岁），性别不限；②患者骨骼已成熟；③具有人工全髋关节置换术适应证；④患肢初次接受单侧全髋关节置换；⑤术后相应时间点有随访信息。

排除标准：①体质虚弱或全身情况不能耐受手术者；②严重糖尿病患者；③髋关节化脓性感染者；④髋臼破坏较重或已明显退行性变者；⑤长期放化疗或服用激素导致病理性骨折者。

1.2.4　评价指标

①安全性指标：术后并发症。②有效性指标：术前、术后 3 个月、术后 6 个月及术后 12 个月的 Harris 评分。③经济性指标：扣除假体费用外的总住院费用及抗菌药物费用。④术中指标：术中出血量、手术时间；住院时间：总住院日及术后住院日。

1.3　评价方法

1.3.1　数据检索方法

检索医院相关信息系统，所有患者均进行体格检查、常规实验室检查、心电图及影像学检查，明确其诊断，并符合入选和排除标准，由同一组医生完成手术。

1.3.2 统计学方法

采用 SPSS 23.0 统计软件进行数据分析，计量资料以均数±标准差（$\overline{x}\pm s$）表示，各组的一般情况比较采用单因素方差分析，其中两两比较用 LSD-t 检验，具体内容包括各组手术用时、术中出血量、术后住院时间、Harris 评分等；计数资料以频数（百分率）[n(%)]进行描述，采用卡方检验，如性别、病因等。$p<0.05$ 认为有显著差异，$p>0.05$ 认为差异无统计学意义。

1.4 评价结果

1.4.1 基线资料情况

本研究回顾性分析了某三甲医院 2017 年 1 月—2020 年 12 月行人工全髋关节置换术且随访记录完整的 62 例患者信息。其中，男 41 例，女 21 例；年龄为(56.90±8.04)岁。其中，6 例（9.68%）为摔倒致股骨颈骨折，4 例（6.45%）为先天性髋关节发育不良，52 例（83.87%）为股骨头缺血性坏死致关节疼痛伴活动受限。术前合并症：高血压 13 例（20.97%），脑梗死 4 例（6.45%），骨性关节炎 6 例（9.68%），肺气肿 2 例（3.23%），糖尿病 2 例（3.23%），类风湿性关节炎 3 例（4.84%），骨质疏松 8 例（12.90%）。根据所置入的人工髋关节假体生产厂家的不同将其分为国产 A 组、国产 B 组、国产 C 组和进口组，国产 A 组及国产 B 组假体采用陶瓷球头及内衬制成，国产 C 组及进口组假体采用高交联超高分子量聚乙烯球头及内衬制成。四组患者的性别、年龄及术前 Harris 评分等相关信息比较详见表 4-1-1，差异无统计学意义，四组患者具有可比性。

表 4-1-1 患者的一般资料

指标	国产组			进口组(n=13)	p 值
	A 组(n=18)	B 组(n=17)	C 组(n=14)		
性别					
男	12	12	8	9	
女	6	5	6	4	>0.05*
年龄/岁($\overline{x}\pm s$)	56.67±10.95	56.18±7.06	57.21±4.41	57.85±8.31	>0.05#
术前 Harris 评分/分($\overline{x}\pm s$)	39.03±16.28	40.03±15.96	36.81±23.68	48.34±14.00	>0.05#
病因[n(%)]					
关节疼痛伴活动受限	17(94.44%)	15(88.24%)	11(78.57%)	13(100%)	
摔倒	1(5.56%)	2(11.76%)	3(21.43%)	0(0%)	>0.05*

注：* 为卡方检验，# 为方差分析。

1.4.2 手术用时及术中出血量

研究结果显示，国产A组手术用时为（94.17±28.40）min，与国产C组和进口组相比，差异具有统计学意义（$p<0.05$）。国产C组术中出血量在四组中最少，为（185.71±94.93）mL，与其余三组相比，差异具有统计学意义（详见表4-1-2）。

表4-1-2 两组手术用时及术中出血量比较（$\bar{x}\pm s$）

指标	国产组			进口组($n=13$)
	A组($n=18$)	B组($n=17$)	C组($n=14$)	
手术用时/min	94.17±28.40	101.76±34.68	144.29±62.23[#]	126.92±40.90[#]
术中出血量/mL	269.44±104.51[*]	270.59±104.67[*]	185.71±94.93	284.62±80.06[*]

注：[#]表示与国产A组相比，$p<0.05$；[*]表示与国产C组相比，$p<0.05$。

1.4.3 总住院时间及术后住院时间

研究结果显示，四组患者总住院时间及术后住院时间的差异无统计学意义（见表4-1-3）。

表4-1-3 两组住院时间比较

指标	国产组			进口组($n=13$)	p值
	A组($n=18$)	B组($n=17$)	C组($n=14$)		
总住院时间/d($\bar{x}\pm s$)	17.61±3.71	17.76±3.31	17.79±3.93	17.38±2.87	>0.05
术后住院时间/d($\bar{x}\pm s$)	14.11±3.46	13.71±2.11	12.14±4.80	12.00±1.41	>0.05

1.4.4 术后并发症

四组研究对象中均有术后住院期间切口疼痛症状，对应给予口服止疼药治疗后，切口疼痛症状均于出院前消失。随访至术后12个月均未出现置换失败病例，没有出现假体松动、脱位、假体周围骨折、感染等相关术后并发症。

1.4.5 髋关节功能恢复

研究结果显示，术前4组的Harris评分差异无统计学意义（$p>0.05$）；术后3个月Harris评分，国产A组、国产B组、进口组均高于国产C组且差异有统计学意义（$p<0.05$）；术后6个月Harris评分，国产A组、国产B组、进口组均高于国产C组，国产A组与国产C组差异有统计学意义（$p=0.022$），国产B组与国产C组差异有统计学意义（$p=0.003$）；术后12个月Harris评分，国产A组、国产B组、进口组均高于国产C组，国产A组与国产C组差异有统计学意义（$p=0.015$），国产B组与国产C组差异有统计学意义（$p=0.000$）；国产A组与进

口组差异有统计学意义（$p=0.048$），国产 B 组与进口组差异有统计学意义（$p=0.001$）（见表 4-1-4）。

表 4-1-4 4 组不同时间的 Harris 评分比较

指标	国产组			进口组($n=13$)	p 值
	A 组($n=18$)	B 组($n=17$)	C 组($n=14$)		
术前	39.03±16.28	40.03±15.96	36.81±23.68	48.34±14.00	>0.05
术后 3 个月	84.97±10.26*	85.84±7.35*	74.46±9.26	81.83±9.23*	<0.05
术后 6 个月	91.23±7.04*	93.21±7.47*	85.16±8.71	90.25±5.05	<0.05
术后 12 个月	95.76±5.06*#	97.89±2.08*#	92.53±3.08	93.11±3.20	<0.05

注：*表示与国产 C 组比较，$p<0.05$；#表示与进口组比较，$p<0.05$。

将末次随访（术后 12 个月）Harris 评分转化为优、良、可、差等级资料，对数据行加权后卡方检验，得出四组病例优良率（置换髋关节假体后评分达到优、良的比例）并比较，四组数据差异无统计学意义（$p>0.05$）（见表 4-1-5）。

表 4-1-5 末次随访（术后 12 个月）Harris 评分疗效比较

组别	优	良	可	差	优良率/%
国产 A 组	15	3	0	0	100.00
国产 B 组	17	0	0	0	100.00
国产 C 组	11	3	0	0	100.00
进口组	11	2	0	0	100.00

注：Harris 评分满分 100 分，90 分以上为优，80～89 分为良，70～79 分为可，小于 70 分为差；优良率=(优+良)/总例数×100%。

1.4.6 经济性评价

4 组患者扣除假体费用外的总住院费用差异无统计学意义，且患者住院期间抗菌药物的费用差异无统计学意义（见表 4-1-6）。

表 4-1-6 相关经济性指标比较

指标	国产组			进口组($n=13$)	p 值
	A 组($n=18$)	B 组($n=17$)	C 组($n=14$)		
扣除假体费用外的总住院费用/元($\bar{x}\pm s$)	22560.48±5391.89	20557.50±3516.27	23418.99±4386.16	23689.97±3714.82	>0.05
抗菌药费/元($\bar{x}\pm s$)	801.67±624.23	625.85±468.37	432.96±743.97	631.57±502.16	>0.05

1.5 讨论与展望

本研究探讨了不同生产厂家的人工髋关节假体在临床应用过程的差异，其中国产 A 组和国产 B 组采用陶瓷内衬和陶瓷球头制成，陶瓷材料强度大，磨阻系数低，磨损率低，能够更好地解决高分子材料的磨损颗粒引起的骨溶解等问题。国产 C 组和进口组的髋臼内衬由高交联超高分子量聚乙烯制成，高交联材料耐磨，磨损碎屑较少，加入维生素 E，能进一步提高耐磨与抗氧化特性，还可以适当减少内衬厚度而使用较大直径股骨头来增加关节稳定性。通过比较四组患者的有效性及安全性等多项指标的差异，从多角度说明各组假体在实际应用中的不同之处。

本研究发现，国产 C 组与进口组的手术用时均长于国产 A 组和国产 B 组，国产 C 组术中出血量在四组中最少。在总住院时间及术后住院时间方面，四组差异无统计学意义。四组患者术后 3 个月、术后 6 个月及术后 12 个月的 Harris 评分相较于术前均有显著提升，国产 A 组和国产 B 组的术后 3 个月、术后 6 个月及术后 12 个月的 Harris 评分较国产 C 组及进口组高，且差异有统计学意义，但末次随访的四组病例优良率差异无统计学意义。这说明高分子材质与陶瓷材质球头和内衬的髋关节假体都能取得显著效果，但陶瓷材质在疗效方面较为有优势。由于国家已组织的人工关节集中带量采购中明确了最高有效申报价，故本研究未比较各组关节假体费用，但扣除假体费用外的总住院费用及总住院费用中抗菌药物费用，四组的差异均无统计学意义。故在相关费用方面，基本一致。

本研究属于回顾性研究，研究病例较少，且随访时间较短，研究结果推广受限，研究结论还需要更多样本量的支持，同时还应注意数据的质量控制与研究设计的正确性。

（内蒙古自治区人民医院　张晓燕；呼和浩特市第一医院　刘雨田）

案例 2 基于真实世界数据评价散光矫正型人工晶状体治疗白内障合并散光患者的安全性和有效性

2.1 项目背景

在白内障精准屈光时代，散光的矫正受到越来越多的重视。一项国内的横断面研究显示，95.2%的年龄相关性白内障患眼术前角膜散光度数≥0.25D，其中27.5%患眼术前角膜散光度数≥1.25D。散光如果不加以矫正，会干扰视网膜成像、降低对比敏感度、增大彗差等高阶像差，影响视觉质量。1992 年，Shimizu 等首次在普通单焦点人工晶状体（intraocular lens，IOL）基础上增加了环曲面，设计出散光矫正型（Toric）人工晶状体（IOL），使其同时具有球镜和柱镜的性质，可在人工晶状体层面矫正对应在角膜上的散光。超 70%的 Toric 人工晶状体植入眼裸眼远视力可达 0.5 及以上。Toric 人工晶状体可显著改善患者术后的远视力和近视力，提高合并散光的白内障患者的脱镜率和主观满意度。随着 Toric 人工晶状体植入的可预测性和安全性的提高，联合 Toric 人工晶状体植入已成为超声乳化白内障吸除术中矫正显著角膜散光的首选方案。

对于规则性角膜散光超过 1.5D 的患者，以往需要额外的散光矫正方式，如戴镜或采用其他角膜手术方法。其中，戴镜有许多不便；手术治疗包括角膜陡轴两侧做松解切口（LRIS）、准分子激光矫正手术等，虽然可以在白内障术中或者术后实施，但是 LRIS 导致的屈光改变存在预测性难以掌握、术后回退的问题，准分子激光矫正需要再次手术，会增加手术费用、手术风险等。这两种方法都可能产生高阶像差，降低术后视觉效果，并可能存在视力回退、角膜损伤致圆锥角膜等风险。Toric 人工晶状体的使用，突破了之前矫正角膜散光的许多障碍，这种人工晶状体在代替混浊晶状体的同时，提供了矫正接近 99%角膜散光的方法。

当前，白内障手术日益与屈光手术结合，人们不再只满足于术后视力的改善，而是更多地追求一种更清晰、舒适的视觉质量，希望术后裸眼视功能尽可能接近人眼的自然状态。因此，如何矫正术前即存在的角膜散光以及如何让患者术后最大可能摆脱眼镜，成为当前白内障手术医生关注的热点。如今的白内障手术不仅需要更高的技术，而且可以同时矫正术前已存在的角膜散光。如何提高 Toric 人工晶状体植入矫正散光的准确性和安全性，实现高复制性、可预测性，使 Toric 人工晶状体在临床上更安全有效地应用，仍需不断探讨。

2.2　评价目标和内容

2.2.1　评价目标

基于真实世界数据评价散光矫正型（Toric）人工晶状体（IOL）治疗白内障合并散光患者的安全性和有效性，进一步观察偏心与倾斜的变化趋势及影响因素，为 Toric 人工晶状体的使用提供更多指导。

2.2.2　评价内容

① 采用最小分辨角对数（logMAR）视力表测量最佳矫正远视力、最佳矫正近视力、裸眼远视力、裸眼近视力。

② 主觉验光和客观验光测量球镜度数、柱镜度数，并计算等效球镜度（球镜度数＋1/2 柱镜度数）。

③ 散瞳后用眼前节照相和带刻度的裂隙灯显微镜测量并记录 IOL 轴位，以术后 1 天的轴位为基准，当前 IOL 轴位与术后 1 天 IOL 轴位的差值即为当前 IOL 旋转度数。

④ 采用非接触眼压计测量眼压。

⑤ 采用裂隙灯显微镜检查角膜、前房、虹膜、瞳孔、后囊膜、IOL 及 IO 位置，后囊膜混浊分级标准与受试者对视觉不良症状（视觉不良症状程度分 1～7 级，0 级示无症状，1～7 级示症状由轻到重）。

⑥ 对视远脱镜情况、满意度进行主观评价。

分别于术前、术后 1 天、术后 1 周、术后 1 个月、术后 3 个月、术后 6 个月进行以上项目的检查。

2.3　评价方法

2.3.1　研究对象

采用前瞻性非随机对照临床研究方法。入选标准：18 周岁以上；男女不限；术眼核硬度为 1～3 级；术前角膜规则散光＞0.75D；每例患者仅入选 1 只眼。排除标准：术眼角膜不规则散光；患有其他眼部疾病或全身性疾病；有眼内手术史者或近 3 个月有眼外伤者。试验组植入 Toric 非球面人工晶状体，强生眼力健公司产品，型号为 ZCU150-400。对照组植入单焦点非球面人工晶状体，强生眼力健公司产品，型号为 PCB00。

两款 IOL 除了是否有环曲面矫正散光设计外，均是由疏水性丙烯酸酯材料制成的后房型IOL，均含紫外吸收剂和蓝光吸收剂，光学直径为6.0mm，总长度为13.0mm，采用可折叠一片式设计，改良L襻。

2.3.2 研究方法

（1）术前检查

采用标准化最小分辨角对数（logMAR）视力表进行裸眼视力检查、最佳矫正视力检查；采用眼部A型超声检查、B型超声检查和IOLMaster700测量眼轴长度、前房深度、角膜曲率；采用Pentecam行角膜地形图检查；采用裂隙灯显微镜下测量瞳孔直径并检查瞳孔、虹膜、晶状体、前囊膜、后囊膜、视网膜是否正常；进行眼部光学相干断层成像（OCT）检查以及电脑验光。

（2）度数计算

通过对角膜地形图进行分析，可以评估角膜的规则性和对称性，从而深入了解角膜的形态。基于术前检查结果，计算IOL的球镜度数。Toric IOL分别采用厂家提供的在线计算器，输入球镜度数、角膜散光轴位和曲率、切口轴位和术源性散光，经计算得到IOL的型号和放置轴位。

（3）轴位标记

采用裂隙灯标记法进行轴位标记。术前进行表面麻醉，患者取坐位，双眼水平向前注视，医生在裂隙灯下用染色标记笔在角巩膜上标出术眼角膜的散光轴，确认每个轴位的两处标记连线经过瞳孔中央。散光轴标记由同一位医生操作。

（4）手术方法

每个医院的全部手术均由同一位医生完成。手术当日行散大瞳孔，表面麻醉。于角膜缘作3.0mm切口，依次完成5.0～5.5mm连续环形居中撕囊、水分离、劈核，乳化吸除白内障及核周皮质。注入黏弹剂，植入Toric IOL，顺时针旋转使其距目标轴位10°～20°（初步调位），彻底清除黏弹剂，调整IOL使其轴位与术前标记的放置轴位一致（精细调位），轻压光学部使Toric IOL贴附后囊，行水密封，术毕。

（5）术后随访

有效性指标的主要终点为术后半年时裸眼视力和最佳矫正远视力达到0.6、0.8的患眼百分率，次要终点为各随访期患眼的视力、视觉质量、残余散光、旋转稳定性。

（6）统计学分析方法

用SPSS 20.0软件进行描述性统计和差异性分析。采用卡方检验对计数资料进行组间差异性检验，包括性别分布、裸眼视力和最佳矫正远视力、IOL发生不同方向旋转的患者比例、发生炎性反应的百分率。分别采用独立样本t检验、Mann-Whitney U检验对符合正态分布的计量资料（采用$\bar{x}\pm s$表示）、不符合正态分布的计量资料［采用中位数（范围）表示］进行组间差异性检验，包括视力、残余散光、旋转度数。采用基于秩次的重复测量方差分析对视力残余散光随时间变化的特点进行分析。采用两因素非参数方差分析对 IOL 发生不同方向旋转的旋转度数进行组间差异性分析。以 $p<0.05$ 为差异有统计学意义。

2.4　评价结果

2.4.1　基本资料

将纳入研究的 60 例合并低度数角膜散光的白内障患者按不同的手术方式分为试验组和对照组。试验组行右上方透明角膜切口联合 Toric IOL 植入，共 78 例（78 眼）。其中，男性 41 例，女性 37 例；顺规散光 16 例，逆规散光 37 例，斜向散光 25 例。对照组行陡峭轴主切口联合非球面 IOL 植入，共 85 例（85 眼）。其中，男性 44 例，女性 41 例；顺规散光 17 例，逆规散光 41 例，斜向散光 27 例。两组术前年龄、核硬度（双眼晶状体核硬度可按照 Emery-Little 分级系统确定）、屈光度和角膜散光径的差异无统计学意义（$p>0.05$），见表 4-2-1。所有受试者均已明确告知术中及术后可能出现的并发症，如出现严重并发症将更改现有手术方案，受试者均签署知情同意书。

表 4-2-1　两组白内障患者白内障摘除及人工晶状体植入术前基本资料比较

组别	眼数	年龄/岁（$\overline{x}\pm s$）	核硬度/级（$\overline{x}\pm s$）	术前视力（$\overline{x}\pm s$）
试验组	78	63.35±8.14	3.09±0.51	0.35±0.18
对照组	85	63.99±9.09	3.12±0.47	0.38±0.23
t 值	0.107	0.237	0.438	
p 值	0.915	0.834	0.966	

2.4.2　术眼视力

两组各随访时间的视力见表 4-2-2，试验组和对照组术前裸眼远视力的差异无统计学意义（$p>0.05$）。与术前相比，术后 1 天试验组和对照组的裸眼远视力均有显著提高（$p<0.05$）。术后 1 天、术后 1 周、术后 1 个月、术后 3 个月、术后 6 个月，试验组术后裸眼远视力明显优于对照组（$p<0.05$）。

表 4-2-2　两组术眼视力的比较

组别	眼数	裸眼远视力（$\overline{x}\pm s$）					
		术前	术后 1 天	术后 1 周	术后 1 个月	术后 3 个月	术后 6 个月
试验组	78	0.38±0.23	0.72±0.1	0.76±0.08	0.78±0.08	0.82±0.07	0.82±0.06
对照组	85	0.35±0.18	0.53±0.12	0.574±0.09	0.639±0.08	0.61±0.07	0.64±0.06
p 值		0.622	<0.05	<0.05	<0.05	<0.05	<0.05

对两组患者手术 3 个月后视力≥0.6、手术 6 个月后视力≥0.8 情况进行比较，试验组患者手术 3 个月后视力≥0.6 者所占比例为 73%，高于对照组的 51%，差异具有统计学意义（$p<0.05$）；试验组患者手术 6 个月后视力≥0.8 者所占比例为 81%，高于对照组的 57%，差异具有统计学意义（$p<0.05$），见表 4-2-3。

表 4-2-3 两组患者手术 3 个月后视力≥0.6、手术 6 个月后视力≥0.8 的情况比较

组别	眼数	术后 3 个月视力≥0.6[n(%)]	术后 6 个月视力≥0.8[n(%)]
试验组	78	57(73%)	63(81%)
对照组	85	43(51%)	48(57%)
χ^2 值		4.268	7.368
p 值		<0.05	<0.05

2.4.3 残余散光情况

残余散光以综合验光仪的主觉验光结果进行统计学分析，试验组术后残余散光明显减少，术后各个随访时间差异不明显，术后残余散光状态较稳定。对照组术后残余散光（1.34±0.32D）较术前（1.42±0.41D）无明显减少。术后 1 天、术后 1 周、术后 1 个月、术后 3 个月、术后 6 个月的残余散光，试验组明显小于对照组，且差异有统计学意义，如图 4-2-1。

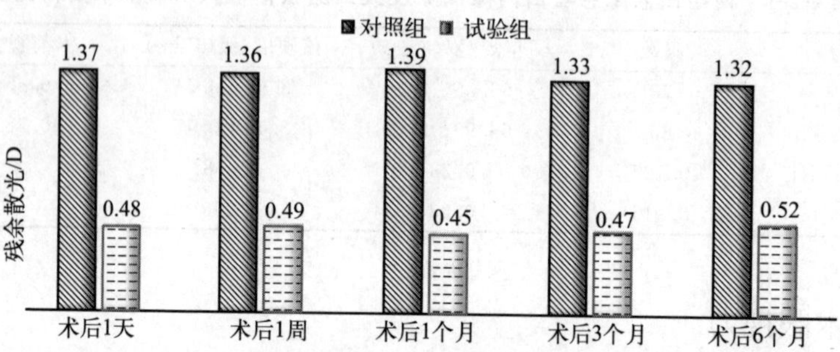

图 4-2-1 术后残余散光情况

2.4.4 两组患者适应性优良率比较

试验组患者手术成功率为 100%（78/78），对照组患者手术成功率为 100%（85/85），比较差异无统计学意义（$p>0.05$）。试验组患者适应性优者有 58 例（74%），适应性良者有 20 例（26%），适应性差者有 0 例（0%），适应性优良率为 100%；对照组患者适应性优者有 42 例（49%），适应性良者有 31 例（37%），适应性差者有 12 例（14%），适应性优良率为 86%。试验组患者适应性优良率明显高于对照组，差异具有统计学意义（$p<0.05$），见表 4-2-4。

表 4-2-4　两组患者适应性优良率比较

组别	例数	适应性优[n(%)]	适应性良[n(%)]	适应性差[n(%)]	适应性优良率
试验组	78	58(74%)	20(26%)	0(0%)	100%
对照组	85	42(49%)	31(37%)	12(14%)	86%
χ^2 值					10.75
p 值					<0.05

2.4.5　术后 Toric 人工晶状体旋转情况

试验组术后 1 天、术后 1 周、术后 1 个月、术后 3 个月和术后 6 个月人工晶状体的绝对旋转角度如表 4-2-5，不同时间晶状体的绝对旋转度数无显著性差异（$p>0.05$）。术后 6 个月旋转角度没有超过 5 度的病例，也没有因为旋转角度太大而再次手术者。

表 4-2-5　术后 Toric 人工晶状体轴位旋转情况

参数	术后 1 天	术后 1 周	术后 1 个月	术后 3 个月	术后 6 个月
Toric 人工晶状体轴位旋转角度/°($\overline{x}\pm s$)	2.06±0.10	2.12±0.05	2.23±0.11	2.36±0.17	2.48±0.12

2.4.6　并发症

术后 1 周，试验组和对照组出现房水闪辉（轻度）、房水细胞（1～5 个/HPF）、球结膜充血（Ⅰ级）、球结膜水肿（Ⅰ级）的比例分别为 13.33%、5.00%、3.33%、0.00%和 11.48%、4.92%、8.20%、1.64%，组间差异无统计学意义（$\chi^2=0.10$，$p=0.78$；$\chi^2=0.00$，$p=0.98$；$\chi^2=1.30$，$p=0.25$；$\chi^2=0.98$，$p=0.32$）。术后 1 个月及以上两组患者的炎症反应均消失。两组均未见其他并发症。

2.5　讨论

人眼总散光包括角膜散光和晶状体散光，白内障吸除术消除了晶状体散光，因此在术前规划时仅需考虑角膜散光。在屈光性白内障手术时代，患者通常不愿术后戴镜或行二次手术（如角膜屈光手术）矫正散光，因此大多数情况下会在超声乳化白内障吸除术中植入 Toric IOL 或者联合角膜切开术矫正散光。

但很多研究表明 Toric 人工晶状体的矫正效力会随着晶状体的旋转角度改变。Toric 人工晶状体的轴位偏差 1°，会损失约 3.3%的有效柱镜度数，偏离 10°只能矫正预计散光的 2/3，当人工晶状体的旋转角度超过 30°，就会完全失去矫正散光的能力。这对患者的危害较大，可能会造成术后视力的逐渐下降、散光度加深，甚至有时还会出现眩光、重影等不舒服的情况。若人工晶状体轴位偏差过大，对视力产生明显影响，则需要通过人工晶状体复位手术进行调整。轴位偏差发生的原因一般为术前对人工晶状体轴位的预测不准确、术中轴位对准不正确及术后人工晶状体旋转。手术时需要将角膜最大屈光力方向与人工晶状体的散光轴向精准对位，才能最大程度矫正散光。其中，影响 Toric 人工晶状体矫正效果最大的因素是术后 Toric 人工晶状体的旋转稳定性。导致 Toric 人工晶状体术后旋转的原因有很多，其一为人工晶状体与晶状体囊袋大小的匹配程度，二者不匹配会造成人工晶状体襻与囊袋的摩擦力下降，导致人工晶状体旋转，这主要发生在术后早期，眼轴越长，囊袋可能越大，所以长眼轴是 Toric 人工晶状体旋转的危险因素；其二是人工晶体材料，疏水性丙烯酸酯较强的囊袋黏附性可能提高旋转稳定性；其他因素还包括襻的形态、撕囊直径、放置误差、黏弹剂不完全吸除等，这些因素也可能造成旋转。因此，Toric 人工晶状体植入对轴位标记的准确性、手术源性散光的控制及手术技巧等均有高要求，需要在应用过程中进行精准的质量控制，才能实现准确矫正散光，提高患者术后视力和视觉质量。

本研究纳入的病例手术结束后都没有发生 Toric 人工晶状体位置移动，因此本研究针对角膜散光改变情况展开分析，手术切口的形态位置、术后应用激素情况及切口愈合等因素是影响手术源性散光的主要因素。相关研究表示，与上方切口距离角膜的光学中心的距离相比，颞侧及颞上侧切口位置更远且与视轴之间的距离更远，同时在眼外肌和眼睑的影响下不发生显著变化，因此不会大幅度影响角膜散光变化情况。但是，如果将手术切口放在角膜上方，眉弓、眼窝等都会对手术产生影响，如果手术切口比较陡峭，在手术器械的影响下，手术切口的张力会不断增大，使得角膜变形情况加深。本研究采用的是鼻上或颞上切口，降低了术后源性散光的产生，试验组和对照组两组患者术前角膜散光和术后各个随访时间相比，无显著差异。

本次研究结果显示，试验组患者手术成功率为 100%（78/78），对照组患者手术成功率为 100%（85/85），比较差异无统计学意义（$p>0.05$）。试验组患者手术 3 个月后视力≥0.6 者所占比例为 73%，高于对照组的 51%，差异具有统计学意义（$p<0.05$）；试验组患者手术 6 个月后视力≥0.8 者所占比例为 81%，高于对照组的 57%，差异具有统计学意义（$p<0.05$）。试验组患者适应性优良率为 100%，对照组患者适应性优良率为 86%，试验组患者适应性优良率明显高于对照组，差异具有统计学意义（$p<0.05$）。

综上所述，通过散光矫正型人工晶状体植入手术治疗白内障合并角膜散光，可以显著改善患者视力，提高患者适应性，值得临床推广与应用。

（日照市中医医院　景传宝、马娜、王龙梅）

案例 3　基于真实世界数据的带量采购政策后口腔种植系统的临床应用评价

3.1　项目背景

种植义齿可以恢复缺牙患者的咀嚼功能，提高患者的生活质量，已经在临床上得到了广泛的应用和发展，种植修复成为牙列缺损、牙列缺失患者的有效修复方式之一。种植体材料应无毒性、无致敏性、无致癌致畸性，具备良好的生物相容性、耐腐蚀性、耐磨性及优良的力学性能。近年来，应用在口腔种植临床的种植体主要有钛及钛合金两种。随着口腔种植技术的成熟及患者对口腔功能修复效果要求的提高，种植义齿的临床开展数增长迅猛，而种植体作为主要的人体植入材料，是影响种植修复治疗效果与患者费用负担的主要因素之一。目前被广泛使用的种植体种类及品牌众多，因材质与产品结构的不同而具有不同的特性。种植体的临床使用与患者偏好、医护人员的经验和技术等多方面因素有关。

近年来，高值医用耗材集中带量采购进程加快，同样属于高值医用耗材的种植体通过国家指导、省际联盟的形式开展集中带量采购，2023 年 4 月种植体集采工作基本覆盖全国，有效降低了耗材虚高的价格，一定程度上惠及了缺牙患者。《高值医用耗材集中采购工作规范（试行）》明确要求，建立科学的评价方法，综合考虑治疗标准、临床疗效、应用范围、科技水平等因素，在“质量优先、价格合理、性价比适宜”的原则下进行集中采购。然而，对于不同种类种植体的评价和选择，尚未形成公认的方法，且缺乏与此相关的大规模临床随机对照试验。质量评价体系不统一，间接造成高值医用耗材的同质化水平不一，影响质量和疗效一致性评价的开展。如果不重视这些差异，部分厂家为降价中标，可能会倾向于提供低成本的产品，具有增值功能的产品则由于成本相对较高而失去中标机会，导致产品趋于低端化和雷同化。部分医疗机构在招采过程中，虽然运用综合评分法对产品进行评价，但出于成本的考虑，仍对价格参数赋予更高权重，从而出现“唯低价中标”的现象，形成恶性竞争，进一步影响医用耗材的可及性和安全性，不利于医疗器械行业的健康发展，与高值医用耗材集中带量采购的初衷背道而驰。因此，有必要研究评估现有种植体的临床应用效果，以帮助医疗机构更好地选择种植体品种。

本研究基于某三甲口腔医院电子病历等资料，对真实世界数据进行回顾性研究，对比分析该医院主要使用的 3 种品牌种植体植入的主要结局指标与费用的差异，评估医患满意度，旨在为医院、卫生健康和医疗保障等行政部门采购遴选、临床选择及合理使用种植体产品提供依据。

3.2 评价目标与内容

3.2.1 项目目标

（1）政策效果评估

量化分析种植体集采政策实施前后的医疗费用变化，包括单颗种植总费用、耗材成本占比等核心经济指标。

（2）质量与安全评价

评估集采后种植体临床使用的生存率，对比不同品牌种植体（进口/国产）的临床失败率（含修复前失败率、修复后失败率）。

（3）医患行为影响分析

① 分析集采政策对医生手术安排、工作压力、收入水平等的影响。

② 调查患者满意度，重点关注费用可及性、就诊效率（预约周期、复诊等待时间）等维度。

3.2.2 研究内容

① 政策效果评估：基于医院 HIS 数据，对比集采政策实施前（2021—2023 年 3 月）与实施后（2023 年 4 月起）单颗种植总费用、耗材成本占比，量化政策降费效果。

② 质量与安全评价：比较 3 类种植体（国产 A/进口 A/进口 B）的临床失败率，细分为修复前（骨结合期）、修复后（功能负载期）两个阶段；分析集采前后全院种植体总体成功率差异。

③ 医患行为影响分析：通过匿名问卷调研医生群体（$n \geqslant 120$ 人），分析集采后日均手术量增幅、品牌选择倾向变化（如进口转国产比例）、工作压力（5 级量表评分）及绩效感知；同步采用结构化随访调查患者（$n=300$ 例），量化费用可及性（≥4 分占比）、就诊效率（预约周期≤2 周占比、复诊等待≤30min 占比）及功能恢复满意度，揭示集采政策对临床决策与就医体验的双向影响，为优化资源配置提供依据。

3.3 评价方法

3.3.1 研究对象

将 2022 年 4 月至 2024 年 4 月在某三甲口腔医院接受种植治疗的患者作为研究对象。根据植入种植体品牌的不同，将患者分为 3 组：国产种植体 A 组、进口种植体 A 组、进口种植体 B 组。

纳入标准：

① 使用国家集中带量采购名单中的种植体；

② 置入单一品种种植体；

③ 完成术后随访及满意度调查。

排除标准：

① 治疗完成时间不在研究时间内；

② 疾病编码不完整，病案信息不清晰；

③ 费用逻辑不合理；

④ 未能配合随访或满意度调查。

3.3.2　研究方法

采用回顾性分析，对各组产品的有效性指标（修复前失败率、修复后失败率）、经济性指标（人均费用）进行评估。

对医患满意度进行调查。

① 患者满意度调查：

采用 5 级 Likert 量表（1＝非常不满意，5＝非常满意）调查，调查内容包括：

- 费用感知（种植体集采后治疗费用合理性）。
- 硬件设施（诊疗设备先进性及环境舒适性）。
- 服务质量（医生专业水平及术后随访及时性）。
- 就诊效率（手术预约等待时间、复诊排队时长）。
- 总体满意度（对医疗服务的综合独立评分）。

② 医护人员满意度调查：

采用 5 级 Likert 量表调查，调查内容包括：

- 工作负荷（集采后日均手术量增幅）。
- 薪酬待遇（绩效奖金变化感知、劳动价值与收入匹配度）。
- 职业压力（患者期望值管理难度、医患沟通压力）。
- 培训支持（新种植系统操作培训充分性）。
- 总体满意度（对当前职业状态的综合独立评分）。

3.3.3　数据提取与质量控制

（1）数据提取

采用某三甲口腔医院医用耗材大数据平台提取电子病历、计费系统和物资供应链系统的数据（不含敏感信息）。数据包括患者基本信息、种植体使用记录、产品唯一标识条码、临床结局指标（并发症、失败率等）、费用数据（人均费用）、满意度调查结果（患者及医护人员问卷数据）。

（2）数据质控措施

对缺失、异常数据进行逻辑校验；采用双人录入核对机制；对满意度数据进行信效度检验（Cronbach's $\alpha>0.7$）。

3.3.4 统计学处理

采用 SPSS 26.0 统计学软件对数据进行分析。计量资料以均数±标准差（$\bar{x}\pm s$）表示，计数资料以频数和百分率表示。符合正态分布的计量数据采用 t 检验或方差分析，方差不齐的多重比较采用 Tamhane 法，不符合正态分布的计量数据采用 Kruskal-Wallis 秩和检验；计数资料采用卡方检验。对是否进行二次介入手术的影响因素进行 logistic 回归分析。$p\leqslant0.05$ 为差异有统计学意义。

3.3.5 专家评价

汇总临床使用评价数据、统计学分析结果、满意度调查结果，组织专家研讨会，对集中带量采购种植体的临床效果、经济性及医患满意度进行综合评价，形成临床应用评价报告。

3.4 评价结果

评价结果如表 4-3-1～表 4-3-4 所示。

表 4-3-1 政策经济效应分析（集采前后对比）

指标	2022.4.1—2023.3.31	2023.4.1—2024.3.31	变化幅度
种植数量/颗	7241	17254	+138.25%
医院总收入/元	984468390.89	1082329849.94	+9.94%
种植总收入/元	111211043.32	107181848.00	−3.62%
种植收入占比	11.30%	9.90%	−1.40%
单颗总费用/元	15361.52	6216.85	−59.53%
单颗耗材费用/元	4418.87	1958.35	−55.68%

表 4-3-2 种植体有效性评估（分品牌对比）

品牌	种植量/颗	修复前失败率	修复后失败率	总失败率	χ^2 值	p 值
进口 A	6539	0.93%	0.12%	1.05%	15.732	<0.001
进口 B	7123	0.94%	0.15%	1.09%	18.451	<0.001
国产 A	3592	1.14%	0.25%	1.39%	22.893	<0.001

表 4-3-3 患者满意度调查结果（$n=300$）

维度	测量指标	$\bar{x}\pm s$	满意率(≥4 分)
费用感知	治疗费用合理性	4.8±0.3	96.2%
硬件设施	设备及环境	4.6±0.4	92.7%

续表

维度	测量指标	$\overline{x}\pm s$	满意率(≥4 分)
服务质量	专业水平及随访	4.5±0.5	91.3%
就诊效率	预约等待时间	2.5±1.0	31.5%
	复诊排队时长	2.3±0.9	28.4%
总体满意度	综合独立评分	4.2±0.6	90.8%

表 4-3-4　医生满意度调查结果（n=120）

维度	测量指标	$\overline{x}\pm s$	满意率(≥4 分)
工作负荷	日均手术量增幅	3.8±0.9	68.3%
薪酬待遇	收入降低感知	2.4±0.8	47.2%
职业压力	医患沟通压力	3.5±0.7	57.9%
总体满意度	综合独立评分	3.7±0.6	71.6%

3.5　讨论与展望

本研究通过量化分析种植体集采政策实施后的临床数据与满意度调查结果，揭示了集采政策在降低医疗费用、提升患者可及性方面的显著成效。数据显示，单颗种植总费用降幅达 59.53%，耗材成本占比下降 55.68%（表 4-3-1），充分体现了集采政策通过市场竞争压缩流通环节成本的核心作用。患者对治疗费用合理性的满意度高达 96.2%（表 4-3-3），印证了集采政策普惠性目标的实现，为缺牙患者提供了更可负担的修复方案。种植需求激增 138.25%，反映出集采政策有效释放了潜在医疗需求，这与高值医用耗材集采政策设计的初衷一致。与此同时，集采政策实施后暴露的医疗资源供需矛盾值得关注。尽管费用下降显著提升了患者可及性，但就诊效率满意度不足 35%（表 4-3-3），预约周期延长、复诊等待时间增加成为新的痛点。这一现象与快速释放的医疗需求和医疗资源供给刚性约束之间的矛盾密切相关。未来引入智能预约系统和动态资源调配模型，通过数字化手段优化诊疗流程可能成为发展趋势，可借助人工智能预测就诊峰值，实现医疗资源的弹性配置。

在质量安全层面，两种进口种植体的总失败率无显著性差异（表 4-3-2），但值得注意的是，国产种植体修复后失败率（0.25%）明显高于进口品牌（0.12%～0.15%），提示在咬合力分布复杂、骨条件较差的高难度病例中，国产产品仍需加强技术攻关。未来可通过建立区域性种植体临床数据中心，对 5 年以上长期存活率进行追踪，同时将三维咬合力分析、骨整合速度检测等客观指标纳入质量评价体系，推动国产种植体技术迭代。

医生日均手术量增长 68.3%（表 4-3-4），但 47.2%的医务人员感知收入降低，反映出当前“以量换价”模式下劳动价值体现机制尚不完善。因此，未来是否可将种植手术质量控制、患者满意度等指标纳入绩效考核，建立“控费”与“提质”并重的激励机制尚值得商榷。

此外，针对进口种植体使用占比仍达 73.8%的现象，建议从三方面推动国产替代：其一，建立临床疗效证据转化机制，将真实世界数据纳入招采评分体系；其二，完善医生技术准入标准，避免操作不熟练导致的临床偏好偏差；其三，加强患者教育，通过可视化案例展示破除患者对进口产品的认知偏见。此外，需警惕低价中标可能存在的产品质量风险，建议在集采评审中增设“质量熔断”机制，对中标产品实行飞行检查和不合格品召回制度。

综上所述，种植体集采政策在实现费用控制目标的同时，仍须通过医疗资源优化配置、医生激励机制改革和技术创新等多维度协同发力，最终实现“患者减负、医院增效、产业升级”的三方共赢格局。

（武汉大学口腔医院　马博懿、南东旭、马肖）

第二部分
医疗设备类研究

第五章 影像诊断设备

案例1 基于真实世界数据的医院不同阶梯计算机体层成像（CT）设备配置评价的卫生技术评估研究

1.1 项目背景

医疗设备作为重要的医疗资源，在疾病诊疗中发挥着重要作用。近几年医疗设备技术的更新迭代，为医疗水平的快速发展提供了强有力保障，医疗设备的先进程度、规模日益成为衡量一家医院医疗水平的重要指标。因此，医院竞相投入大量的资金购买行业热门设备，通常情况下，医院资产总额中医疗设备占比达到了50%，一些医院可高达60%～70%。

2023年，国家卫生健康委发布了《大型医用设备配置许可管理目录（2023年）》，对2018年版目录进行了调整，目录的调整极大程度上影响了医院对医疗设备的配置，因此，如何选择适宜的医疗设备，避免盲目购置、低效管理的现象发生，是医疗机构面临的挑战。

医疗机构的医疗设备配置尤其是大型医疗设备的配置的评估体系仍然存在亟需解决的问题。一是配置评价指标多为区域性的配置分布、使用情况，对于不同阶梯配置的研究更侧重于单一性的设备使用效率或者单个部位的图像质量，缺少对医疗机构在医疗设备配置上的综合性评估。二是关于医疗设备性能的评价多为整体性、单一性的对比，缺少结合医疗设备性能特点的多方面性能比对研究，因此研究结果的可推广性、用于医院决策支持的可靠性较弱。三是在设备使用评价上，以往的研究更侧重于医疗设备的直接使用者、购置管理部门，缺乏覆盖医疗设备使用全过程的相关专家评价。四是在数据可获得性和准确性上，以往的研究基于真实世界数据的可操作性不足，原因主要为设备使用评价系统的信息化水平较低，数据难以获取，或者缺乏部门间的密切协同，临床检查数据与设备使用数据的融合度有待提高。

近年来，我国出台了一系列政策强化对卫生技术评估的支持力度，为医疗器械临床准入等提供支持。文献研究显示，在大型医疗设备配置应用方面，卫生技术评估方法克服了以往评估方法的单一和不系统的缺点，满足了大型医疗设备配置应用管理评估的证据需求；在内窥镜手术器械控制系统、伽马刀及静脉药物配置机器人等设备的配置评价研究方面，该方法从各个评价维度指标进行分析，提供了指导意见。然而，由于相关证据的缺乏，包括临床专家参与的不足、临床随机对照试验获取真实数据的不充分，如何获得高质量的医疗器械卫生技术评估结果仍需进一步研究和探索。因此，如何科学进行大型医疗设备配置与使用评估，合理配置医疗资源，是医疗机构设备管理部门亟待开展的工作。

1.2 评价目标与内容

1.2.1 项目目标

本项目以 CT 设备为研究对象，从患者需求、临床诊疗、质量安全、医患满意度、医院运营 5 个维度，从真实世界数据出发，开展不同阶梯 CT 设备的使用评价研究，以提高大型医疗设备使用评价的准确性，克服医疗机构内医疗设备配置评价的片面性。通过构建一套完整、客观的不同阶梯 CT 设备评价指标体系，为医疗机构在医疗设备配置，尤其是大型医疗设备配置方面提供定性、定量的配置决策数据支撑，达到在有效满足临床诊疗需求的基础上合理配置医疗资源的目的，同时该评价研究具有全面性、客观性、可复制的特点，可为其他医疗机构、不同医疗设备的配置提供定性、定量的配置参考依据。

1.2.2 项目内容

CT 检查作为一种常见的影像学检查方式，与磁共振成像相比，具有检查时间短、检查费用低的优势，而且在诊断肺部、胃部等含有气体的脏器及心脏等活动性器官时具有更高的分辨力，是一种患者使用较广泛的诊察手段，也是一种很重要的检查方式。比如，在早期肺癌没有明显症状表现的时候，利用 CT 检查发现肺结节并尽早分型，对于防控肺癌有重大意义。因此，医疗机构开展好 CT 设备的配置和管理工作，对于患者、医疗机构及卫生行政部门都有着重要意义。

本研究以中日友好医院 CT 设备的使用现状为例，基于真实世界数据，进行医疗机构内不同阶梯 CT 设备的配置评价研究，实现覆盖设备使用过程各个阶段、设备应用过程多个方面、设备使用过程多人员参与、数据获取各指标可追溯的综合性评价，实现对不同阶梯 CT 设备的配置评价，为医疗机构内的医疗设备尤其是大型医疗设备的配置提供数据决策支撑，实现医疗机构内医疗资源的合理配置。

1.3 评价方法

1.3.1 CT设备配置评价指标体系确定

（1）文献分析

本项目成立了由2名工程师、1名技术人员和1名科室主任组成的项目研究团队，其中的2名工程师在生物医学工程方向具有丰富的经验，并接受过卫生技术评估相关培训。项目研究团队查阅国内外相关文献，围绕医疗设备、配置、CT、评价体系及卫生技术评估等关键词进行检索，整理、统计医疗机构进行CT设备配置评价时采用的评价指标。共检索出41篇相关文献，共包含一级指标共5项、二级指标共34项。

（2）专家访谈

专家的选择是CT设备配置评价指标体系设立成败的一个重要因素，在专家数量确定方面，相关研究表明专家数量以15～50人比较适宜。经项目研究团队商议，参加此次访谈的专家须满足下述条件：①专家所属科室分布在医疗设备管理部门、医技科室或临床科室；②医疗设备管理部门的专家取得副高以上职称，且在该领域具有10年以上工作经验；③医技科室为CT设备检查所在科室，应包括医生和技师，并均具有10年以上相关工作经验；④临床科室在该医院上半年CT检查的科室开单量排名前1/2，且专家在本科室医生的CT检查开单量中排名前1/2。按照该标准本研究共遴选15名专家进行访谈，其中医疗设备管理部门3人，医技科室5人（医生2人和技师3人），临床科室7人。

（3）指标确定

专家访谈内容包括两个部分，分别为评价5项一级指标设置的合理性和34项二级指标设置的重要性、可操作性及指标相互间是否独立。据此，筛选、确定并形成本研究的评价指标体系，包括5项一级指标和12项二级指标，其中原一级指标不变，原二级指标删除了22项，修改了3项。医院CT设备配置评价指标体系一级与二级指标见表5-1-1。

表5-1-1 医院CT设备配置评价指标体系一级与二级指标

一级指标	二级指标
适宜性	待检查患者量、患者检查预约时长、临床检查需求量和设备实际检查量
技术性	空间分辨率和密度分辨率
经济性	成本、收益和收益/成本
安全性	设备故障率和维修服务质量
社会性	使用满意度和科研贡献度

1.3.2 真实世界证据研究

（1）数据来源

① 医院大数据平台

关于如何对医院CT设备配置需求进行精细化分析，本项目从医院CT设备的使用现状出发，通过CT设备配置评价指标体系的适宜性维度对医院目前的CT不同检查类型进行逐项比对分析，相关指标数据来源于医院大数据平台影像学检查预约模块和影像设备使用效率模块，经济性维度数据来源于影像设备使用效益模块，随机抽取2021年中日友好医院工作日CT检查预约情况、平均每日检查需求量及在用CT设备每台平均检查量数据，CT检查预约情况包括CT检查预约数量和预约时长，通过CT设备配置评价指标体系判断CT设备是否满足临床患者诊疗需求及需要配置数量。

② 调查问卷

关于如何对不同阶梯配置CT设备进行选择，本项目从临床和放射科角度出发，通过CT设备配置评价指标体系的技术性、安全性、社会性和经济性4个维度对医院目前在用的不同阶梯CT设备数据进行逐项比对分析。经项目研究团队成员讨论，技术性、安全性和社会性指标数据采用自制问卷调查的方式进行评价。为评价准确，对每个评价指标进行分级赋分，依次为非常满意（10分）、满意（8分）、一般（6分）和不满意（5分）。本研究问卷调查的参与人数共70人，人员遴选标准与前文专家访谈的遴选标准一致，对70份调查问卷进行清洗，最终形成52份有效问卷，其中临床医生和技师各26份。由于指标的特点，临床医生和技师均参与了技术性维度的问卷调查，安全性维度和社会性维度中设备操作的使用满意度指标只有临床技师参与，社会性维度中科研贡献度只有临床医生参与。

（2）统计分析

应用SPSS软件对所有数据进行统计分析，数据结果用平均值表示，采用独立样本方差分析比较，以$p<0.05$为差异有统计学差异。

1.4 评价结果

1.4.1 确定CT设备配置需求

通过查询医院医疗检查预约系统，实时统计医院CT检查预约的相关数据，随机抽取医院2021年工作日CT检查预约情况，统计结果表明，门诊患者CT检查的平均预约时长>15 d，其中平扫检查平均预约时长为19.32 d，增强检查平均预约时长为21.83 d；住院患者CT检查预约时长平均在3 d以内，其中平扫检查平均预约时长为1.21 d，增强检查平均预约时长为2.5 d。医院门诊及住院患者CT

检查平均预约时长见图 5-1-1。

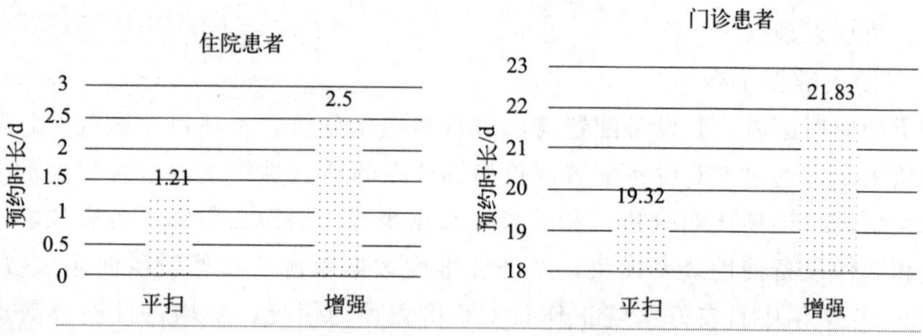

图 5-1-1 医院门诊及住院患者 CT 检查平均预约时长

1.4.2 确定 CT 设备配置数量

经统计，医院目前的 CT 设备无法满足患者实际检查需求，下一步需要确定合理的 CT 设备配置数量。统计医院信息系统（hospital information system，HIS）某时间段 CT 检查需求和影像存储与传输系统（picture archiving and communication systems，PACS）对应时间段的实际检查量，结果显示该医院近半年内的平均每日 CT 检查需求量为 499 人次，而实际检查量为 390 人次，少于需求量 109 人次。同时，通过医院 PACS 统计每台 CT 设备的平均检查量可知，增加一台 CT 设备可以解决目前的检查供应紧张问题，见表 5-1-2。

表 5-1-2 医院 CT 设备检查开单量与检查量统计

<table>
<tr><th rowspan="2">时间</th><th colspan="2">CT 检查需求量/人次</th><th colspan="4">CT 检查工作量/人次</th><th rowspan="2">缺口(门诊)/人次</th></tr>
<tr><th>门诊＋急诊</th><th>门诊</th><th colspan="3">门诊＋急诊</th><th>门诊</th></tr>
<tr><td>每月</td><td>17154</td><td>12642</td><td colspan="3">14972</td><td>10493</td><td>2149</td></tr>
<tr><td rowspan="3">每个工作日</td><td rowspan="3">611</td><td rowspan="3">499</td><td colspan="3">502</td><td rowspan="3">390</td><td rowspan="3">109</td></tr>
<tr><td>设备 1</td><td>设备 2</td><td>设备 3</td></tr>
<tr><td>202</td><td>212</td><td>88</td></tr>
</table>

1.4.3 确定配置机型范围

CT 检查中，运动器官、血管、部位结构相对精细和构造相对复杂的部位的检查需要通过高端 CT 设备完成，即宽体、转速快和分辨率高的 CT 设备，以满足临床诊疗需求。通过医院 PACS 统计一个季度的 CT 检查项目，评估高端 CT 设备检查的需求比例。统计结果显示，医院普通 CT 检查数量达到 CT 检查总量的 80%，目前配置的 2 台高端 CT 设备完全可以满足临床高端 CT 设备检查需求。医院 CT

检查项目分布见图 5-1-2。

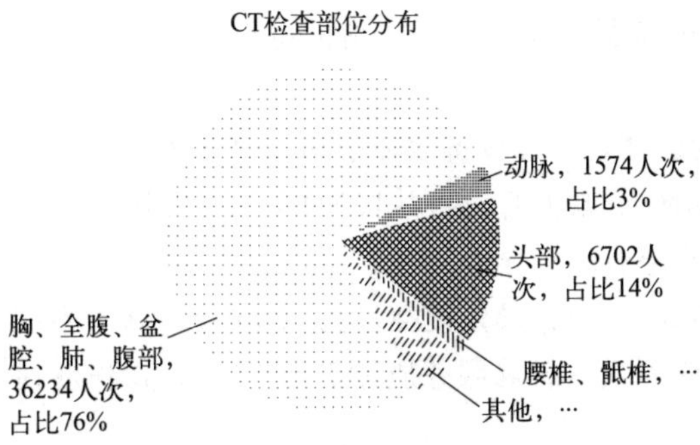

胸、全腹、盆腔、肺、腹部检查项目	占比/%
胸部 CT 平扫	65
胸部高分辨率 CT(HRCT)平扫+三维重建	11
胸、全腹、盆腔 CT 平扫	9
胸、全腹 CT 平扫	3
其他	12

头部检查项目	占比/%
头颅 CT 平扫	84
头、颈、胸、全腹、盆腔 CT 平扫	8
头、颈 CT 血管成像(X6)	6
其他	2

动脉检查项目	占比/%
冠状动脉 CT 血管成像	57
肺动脉 CT 血管成像	22
其他	21

腰椎、骶椎检查项目	占比/%
腰椎 CT(三维重建)	87
腰椎、骶椎 CT 平扫+三维重建(急诊)	13

图 5-1-2 医院 CT 检查项目分布

1.4.4 确定适配机型

关于如何在中低端 CT 设备中进行选择，本研究从临床和放射科角度出发，通过 CT 设备配置评价指标体系的技术性、安全性、社会性和经济性 4 个维度对医院目前在用的中端 CT 设备和低端 CT 设备数据进行逐项比对分析。

(1) 技术性评价

技术性评价指标包括密度分辨率（图像清晰度）和空间分辨率（图像对比度）。为提高评价结果的准确性，本研究通过匿名问卷调查的方式对中低端 CT 设备在相同检查项目下产生的不同图像进行比对分析。其中，检查项目的选择与问卷调查人员所在科室相关联，均选择参与人员所在科室常用的检查项目。

导出问卷数据结果，整理出以 CT 设备类别（中端和低端）为因变量，以图像清晰度和图像对比度为自变量的数据报表。统计分析结果显示，低端 CT 设备的空间分辨率（图像对比度）和密度分辨率（图像清晰度）平均评分分别为 7.73 分和 7.6 分，低于中端 CT 设备的 8.69 分和 9.04 分，组间差异有统计学意义（图像对比度 $F=12.302$，图像清晰度 $F=32.752$；$p<0.05$），见表 5-1-3。

表 5-1-3 医院中端与低端 CT 设备技术性维度评分比较

类别	问卷份数	图像清晰度	图像对比度
低端	52	7.6	7.73
中端	52	9.04	8.69

续表

类别	问卷份数	图像清晰度	图像对比度
F 值		32.752	12.302
p 值		0.000	0.001

（2）安全性评价

安全性评价指标包括设备故障率和维修服务质量，根据指标特点，问卷参与对象为医技科室的技师。

对以CT设备类别（中端和低端）为因变量，以设备故障率和维修服务质量为自变量的数据报表进行统计分析，结果显示，低端CT设备故障率的平均评分为6.85分，低于中端CT设备的8.77分，组间差异有统计学意义（$F=42.926$，$p<0.05$）。低端CT设备维修服务质量的平均评分为8.38分，操作便捷性为8.46分，高于中端CT设备8.27分和8.23分，差异无统计学意义（维修服务质量$F=0.066$，操作便捷性$F=0.223$；$p>0.05$），见表5-1-4。

表5-1-4 医院中端与低端CT设备安全性维度评分比较

类别	份数	设备故障率	维修服务质量
低端	26	6.85	8.38
中端	26	8.77	8.27
F 值		42.926	0.066
p 值		0	0.798

（3）社会性评价

社会性评价指标包括设备操作人员对设备的使用满意度和科研贡献度，根据指标特点，问卷调查参与对象分别为医技科室的技师和医生，其中使用满意度的参与对象为技师，科研贡献度的参与对象为医生。

对以CT设备类别（中端和低端）为因变量，以设备的使用满意度和科研贡献度为自变量的数据报表进行统计分析，结果显示，低端CT设备的使用满意度平均评分为8.46分，高于中端CT设备的8.23分，差异无统计学意义（$F=0.223$，$p>0.05$）。低端CT设备的科研贡献度平均评分为6.73分，低于中端CT设备的8.04分，组间差异有统计学意义（$F=9.257$，$p<0.05$），见表5-1-5。

表5-1-5 医院中端与低端CT设备社会性指标维度评分比较

类别	份数	使用满意度	科研贡献度
低端	26	8.46	6.73
中端	26	8.23	8.04
F 值		0.223	9.257
p 值		0.639	0.004

（4）经济性评价

经济性评价指标为收益和成本以及收益与成本的比值，根据指标特点，中低端

CT 设备的成本数据均为根据设备购置金额和设备折旧年限计算的设备每日折旧费用，该医院其中一台 CT 设备只做普通检查，其收益数据为该台 CT 设备平均每日普通检查数量和平均检查费用的乘积。

经统计，低端 CT 设备和中端 CT 设备的收益数据相同，均为 43010 元/d，低端 CT 设备的成本为 6410 元/d，明显低于中端 CT 设备的 38095 元/d，因此，低端 CT 设备的收益/成本明显高于中端，见表 5-1-6。

表 5-1-6 医院中端与低端 CT 设备经济性指标维度数据比较

类别	经济性指标		
	成本/(元/d)	收益/(元/d)	收益/成本
低端	6410	43010	6.71
中端	38095	43010	1.13

（5）综合评价

以医院中低端 CT 设备各个维度的评分进行综合评价分析。以满分 10 分为原则，绘制雷达图，可见低端 CT 设备的经济性有较大的优势，而中端 CT 设备在技术和科研上具有较大优势。医院中低端 CT 设备各维度评分雷达图见图 5-1-3。

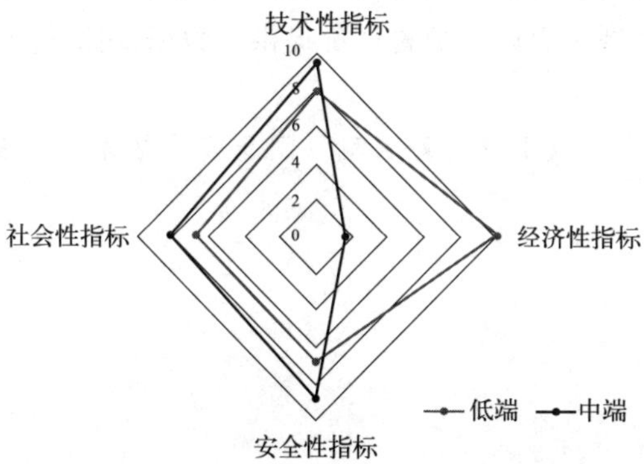

图 5-1-3 医院中低端 CT 设备各维度评分雷达图

1.5 讨论与展望

医疗设备是医疗资源配置的关键因素，进行医疗机构的医疗设备精细化管理是医疗设备管理部门的重要任务。因此，本研究从医院医疗设备管理部门角度出发，探索如何优化大型医疗设备的科学配置，助力打造国家级和省级高水平医院体系建设。

本研究应用卫生技术评估的方法，探索医院 CT 设备配置评价指标体系。首先从适宜性维度，即医院目前的 CT 检查需求，评价医院是否需要新增 CT 设备及配置数量、机型范围。数据显示，该医院目前的 CT 设备供应紧张，患者预约检查时间过长，需要增加1台CT设备，结合现有患者检查项目分布，下一步配置中低端CT设备能满足患者诊疗需求。由于中低端CT设备的购置金额差异较大，随后从技术性、安全性、社会性和经济性4个维度阐述中端与低端CT设备的配置选择建议。数据显示，在经济性方面，低端CT设备的优势比较明显，在技术性、社会性的科研贡献度和安全性的设备故障率方面，中端CT设备的优势比较明显，而在社会性的使用满意度及安全性的维修服务质量方面，中低端CT设备间无显著性差异。本研究参与比较的两台中低端CT设备的使用年限差异较大，两台设备的故障率评价结果的显著性差异可能与该因素有关。综上所述，在国家提出推动公立医院高质量发展的要求下，以国家级医院为发展目标，基于本研究数据分析结果，该医院应从技术性和科研贡献度维度配置1台中端CT设备，以满足现有患者诊疗需求和医院的发展定位。中低端CT设备技术性平均评分较好（>7.5分），其他公立医院及县级医院可根据患者检查规模适当配置低端CT设备，以进一步提高医院运营管理水平。

本研究以卫生技术评估方法开展不同阶梯CT设备配置评价研究，基于真实世界数据证据进行评价分析，数据结果具有可靠性和复制性，并根据CT设备性能特点，对医疗机构内的CT检查项目分布和评分专家进行了补充，评价数据结果全面，为医疗机构的大型影像设备配置评价提供了数据支撑，为其他类别医疗设备的配置研究提供参考。

（中日友好医院　闫慧芳、赵菁；北京工商大学　樊安懿）

案例 2 基于真实世界数据的 CT 设备临床使用可靠性评价

2.1 项目背景

世界卫生组织（world health organization，WHO）指出，医疗器械作为卫生技术的重要组成部分，在疾病预防、诊断、治疗、提高人类健康及生命质量等方面具有重要作用。随着科技的发展，医疗器械技术含量越来越高，设备结构变得越来越复杂，医疗卫生机构对其需求日益增加，导致医疗器械的临床使用管理日益重要。

真实世界数据是指来自现实医疗环境的、传统临床试验以外的数据，反映实际诊疗中患者健康状况和医疗服务过程。常见的真实世界数据包括但不限于登记数据、医院病历数据、区域健康医疗数据、医疗保险数据、健康档案、公共监测数据、患者自报数据、移动设备产生的数据等。医疗器械相关的真实世界数据除上述情形外，还可包括在医疗器械生产、销售、运输、存储、安装、使用、维护、退市、处置等过程中产生的数据（如验收报告、维修报告、使用者反馈、使用环境、校准记录、运行日志、影像原始数据等）。目前真实世界数据已经被广泛使用在药品、医疗器械上市后安全性评价、不良反应监测等安全性监管环节。当前，由于医疗信息化的普及和个人健康数据的可及，真实世界数据作为医疗器械临床评价可能的数据来源，具有数据资源丰富、研究结果的外推性可能较好、可获得长期临床结局数据等特点，将真实世界证据用于医疗器械临床评价可以和现有的传统临床试验互为补充，共同为医疗器械的监管和决策提供支持，因此日益受到监管机构、行业等各方重视。

目前，各国的监管机构正在加紧布局、开展相关工作，发布相关指导文件，尝试引入真实世界证据支持有效性监管决策。例如，美国国会在 2016 年通过《21 世纪治愈法案》（21st Century Cures Act），法案明确美国食品药品监督管理局（Food and Drug Administration，FDA）可在适宜情况下将真实世界数据作为医疗器械及药品上市后研究及新适应证开发的审批证据。因此，美国 FDA 率先于 2017 年 8 月正式发布《利用真实世界证据支持医疗器械监管决策》指导原则，并于 2018 年 12 月发布《真实世界证据计划框架》，全面介绍其已经进行及计划开展的将真实世界证据用于药品、医疗器械监管的相关工作。2019 年 4 月 4 日，FDA 基于真实世界数据批准了辉瑞 Ibrance 的一项新适应证：与芳香化酶抑制剂或氟维司群联合，可用于治疗患有 HR＋（阳性）、HER2－（阴性）转移性乳腺癌的男性患者。此外，在全球范围内，欧盟欧洲药品管理局（EMA）、加拿大卫生部、日本药品和医疗器械管理局（PMDA）等监管机构也均有相关工作计划及指导文件发布。

2019 年 5 月，国家药品监督管理局药品审评中心发布《真实世界证据支持药物研发的基本考虑（征求意见稿）》，该指南旨在明确真实世界证据在药物研发中的地位和适用范围，探究真实世界证据的评价原则，以期为工业界利用真实世界证据支持药物研发提供科学可行的指导意见。2019 年 4 月，国家药品监督管理局启动了中国药品监管科学行动计划，将“真实世界数据用于医疗器械临床评价的方法学研究”列为首批研究项目。国家药品监督管理局在 2020 年发布《真实世界数据用于医疗器械临床评价技术指导原则（试行）》和《真实世界证据支持药物研发与审评的指导原则（试行）》，标志着我国监管机构将真实世界证据用于支持药械监管的工作已全面展开。

医疗器械的临床质量直接关系到患者的身体健康，可靠性是医疗器械安全有效运行的基础。2021 年 3 月 1 日起施行的《医疗器械临床使用管理办法》（国家卫生健康委令第 8 号）第三十条指出，医疗机构应当按照规定开展医疗器械临床使用评价工作，重点加强医疗器械的临床实效性、可靠性和可用性评价。可靠性理论起源于军事领域，指元器件或系统在规定的条件下、规定的时间内完成规定功能的能力，目前该理论已发展成熟，但其在医疗设备的质量控制中应用较晚。随着生物医学工程学科的迅速发展，社会对医疗设备的临床应用可靠性提出了更高的要求，开展以可靠性为中心的医疗设备质量控制评估势在必行。

医疗设备的可靠性分为固有可靠性和使用可靠性，前者是设备的属性，由设计与制造过程决定；后者主要受使用相关因素影响，如安装过程、运行环境、维护周期、操作人员规范性、维修维护人员能力与效果、使用中故障管理及故障纠正措施等。使用可靠性一直是医疗器械质量管理领域的核心关注内容，利用真实世界证据开展医疗设备使用阶段的可靠性研究对医疗设备的全生命周期管理具有重要意义，不仅可帮助保证医疗设备诊疗质量和性能水平，降低维修维护成本，使得医疗设备安全高效运行，而且可为医疗器械准入评估、购置性价比更优的产品提供科学依据，为医疗设备的安全有效运行及科学高效利用的总目标打下理论和技术基础。因此，在医院开展医疗设备临床使用可靠性研究，从而优化医疗设备的应用管理，意义重大。

作为重要的医学影像诊断设备，X 射线计算机体层成像（computed tomography，CT）几乎对人体全身各个系统各类疾病均具有很高的诊断价值。2020 年 2 月 3 日，时任武汉大学中南医院影像科副主任张笑春教授，推荐将 CT 作为新型冠状病毒感染所致肺炎的主要诊断依据。两天后，她的提议被纳入第五版《新型冠状病毒感染的肺炎诊疗方案》，这让 CT 设备成为近两年临床应用中出镜率最高的影像设备，其在我国各级医院的普及率也越来越高。虽然 CT 设备得到了广泛的临床应用，但目前少有其临床应用阶段可靠性相关研究。如何利用真实世界证据，通过现代化管理手段，进行 CT 设备临床应用评价，从而提高其在医院临床应用中的质量水平，是一项亟需解决的问题。

2.2 评价目标与内容

2.2.1 项目目标

本研究的总体目标是利用真实世界证据对CT设备进行临床使用可靠性评价，从而加强CT设备应用管理，提高CT设备利用率，保障CT设备诊疗质量和性能水平。具体研究目标如下：

① 利用信息化平台收集CT设备故障、运维数据，分别对CT设备进行故障模式影响与危害度分析（FMECA）和故障树分析，确定评价CT设备的定性、定量指标。

② 对收集的数据进行统计分析，建立CT设备故障数据的威布尔（Weibull）模型，估计分布参数，得到可靠性特征量。

③ 建设CT设备管理与应用数据库，加强CT设备临床使用可靠性管理，实现CT设备的视情维修决策，降低故障率，节约维修成本，提高开机完好率，从而实现医院对CT设备的精细化管理；设备购置人员可依据可靠性评价结果明确采购意向，以实现采购成本和设备性能最优化；将研究成果反馈至生产阶段，助力CT设备核心部件的研发。

2.2.2 项目内容

(1) 故障数据收集、识别及整理

故障是指系统中部分元器件功能失效而导致整个系统功能恶化的事件。故障数据是可靠性分析与评价的基础，其真实性、可靠性和完整性对研究结果具有显著影响，因此，项目团队从2017年开始布局建设数字化医院信息管理系统和大型医疗设备监管及预警平台。在上述系统和平台的支持下，可以获取CT设备等大型设备从安装到使用的全生命周期内包含生产、安装、启用、维修、维护、保养、日常运行情况、风险预警信息详情等的全部设备数据。根据研究所需要的数据内容，按照课题组制作的数据收集表的格式进行收集。若后期需要增加工单条目，亦可通过修改现有数字化医院信息管理系统和大型医疗设备监管及预警平台导出数据格式、条目等实现。

(2) 基于FMECA和FTA的CT可靠性评价

故障模式影响与危害度分析（Fault modes effects and criticality analysis, FMECA）是通过对设备组成部分潜在的各种故障模式及对其性能产生的影响进行分析，并将每一个故障按照严重程度进行归类，提出改进措施以提高设备可靠性的一种主动分析方法。在理想情况下，FMECA是在产品的研发设计阶段进行的，而对现有产品进行FMECA也有助于提升其性能。FMECA工作程序包含两大部分：定义系统及填表分析。定义系统包括系统在各种工作状态下的功能描述，这就要求研究团队全面了解产品的各功能单元之间的相互联系。FMECA表格要列出设备的全部子系统及其故障模式、严重程度、对其他子系统的影响。FMECA 是在定性分析的基础上使分析量化，更具体地描述每种故障模式的危害程度。其用风险指数（risk priority number，RPN）来定量确定危害度，计算公式为：RPN＝S×O×D，其中 S、O、D 分别表示严重程度（severity，S）、发生概率（ocurrence，O）和可检测度（detected，D）。S、O、D 的分值由相关领域的专家打出，取值范围在 1～10 之间，S 和 O 的分值越高表明该系统部件对设备影响越严重且越容易发生，D 的分值越高表明故障越难以检测出来。计算出所有故障模式的 RPN 值后由高到低进行排序，排序靠前的故障模式可作为重点改进对象。FMECA 的缺点在于：① S、O、D 这三个因素的评价过度依赖专家经验，而专家的经验较为主观且判断标准不一，易导致评价结果存在偏差；② 默认情况下 S、O、D 三因素权重相同，不同的组合可能会产生相同的 RPN 值。为此，本研究引入模糊集理论使专家评价标准更加一致，并结合有序加权几何平均（OWGA）算子进行权重计算。

故障树分析（FTA）也是可靠性评价方法之一，是对产品所有故障影响因素的列举与综合分析。FTA 考虑因素较全面，能准确计算出不易发现的可靠性缺陷与故障隐患。通过 FMECA 分析可以得出关键部件的故障模式及影响。FTA 作为 FMECA 的补充，可以对各种故障模式及原因的内在联系进行分析，找出各种故障因素导致系统发生故障的路径，并且能够分析出各因素的重要程度。本研究在 FMECA 分析的基础上，将各种故障因素联系起来，分析每种故障因素对系统发生故障的影响程度，便于在实际解决问题过程中及时定位故障，进而提升系统可靠性。

（3）基于 Weibull 分布的 CT 设备可靠性特征量计算

Weibull 分布是可靠性研究中常用的分布，它能全面地描述浴盆故障率曲线的各个阶段，故而，本研究使用 Weibull 分布来描述 CT 设备的故障分布。Weibull 分布相关函数如下：

概率密度函数（probability density function，PDF）：

$$f(t;\alpha,\beta)=\frac{\beta}{\alpha^{\beta}}t^{(\beta-1)}\exp\left[-\left(\frac{t}{\alpha}\right)^{\beta}\right] \tag{5-1}$$

累积分布函数（cumulative distribution function，CDF）：

$$F(t;\alpha,\beta)=1-\exp\left[-\left(\frac{t}{\alpha}\right)^{\beta}\right] \tag{5-2}$$

可靠度函数（reliability）：

$$R(t;\alpha,\beta)=\exp\left[-\left(\frac{t}{\alpha}\right)^{\beta}\right] \tag{5-3}$$

故障率函数（hazard function，HF）：

$$h(t;\alpha,\beta)=\frac{\beta}{\alpha^{\beta}}t^{(\beta-1)} \tag{5-4}$$

确定以上 Weibull 分布函数后，进而可以获得以下可靠性特征量：

平均无故障工作时间（mean time between failures，MTBF）：

$$\mathrm{MTBF}=\int_{0}^{\infty} t f(t)\,\mathrm{d}t \tag{5-5}$$

故障率：

$$\lambda=\frac{1}{\mathrm{MTBF}} \tag{5-6}$$

平均修复时间（mean time to repair，MTTR）：

$$\mathrm{MTTR}=\frac{\sum_{i=1}^{n} t_i}{n} \tag{5-7}$$

式中，n 为故障次数，t_i 为第 i 次故障的修复时间。

可用度（availability）：

$$A=\frac{\mathrm{MTBF}}{\mathrm{MTBF}+\mathrm{MTTR}} \tag{5-8}$$

2.3 评价方法

本项目的技术路线图如图 5-2-1 所示，拟从构建 CT 设备的可靠性模型、在动态监测平台上获取故障数据并整理、对 CT 设备及其核心部件进行 FMECA 和 FTA 分析、建立故障数据的威布尔模型并得到可靠性评价指标、搭建 CT 设备管理与应用数据库来加强临床应用可靠性管理及助力 CT 设备研发过程这五个方面进行研究。

2.3.1 构建 CT 设备的可靠性模型

可靠性模型是可靠性分析与评价的基础，包括可靠性框图和数学模型。可靠性框图用于表示系统与各单元功能状态之间的逻辑关系，可靠性数学模型用于表达系统与组成单元的可靠性函数或参数之间的关系。CT 设备可靠性框图的构建是本研究的基础，其合理性直接影响后续可靠性分析的结果。课题组通过头脑风暴法，结合 CT 设备服务工单中的故障描述及医院日常设备管理经验，拟将 CT 设备划分为若干子系统，然后把子系统简化为相应关键部件。通过对子系统进行可靠性逻辑分析，确定每个子系统关键组成部件之间的系统特性，然后确定可靠性数学模型。

本研究通过查阅文献资料及各领域专家头脑风暴，假设 CT 设备及其单元仅有两种对立状态，并且单元之间相互独立，忽略人为操作导致的故障情况，以此保证可靠性模型的科学合理性。

2.3.2 收集与整理 CT 设备真实世界数据

真实世界数据是医疗设备临床应用可靠性评价的基础，其中关于医疗设备的真实世界数据主要包括故障数据、运维数据等。真实世界数据的真实性、可靠性和完整

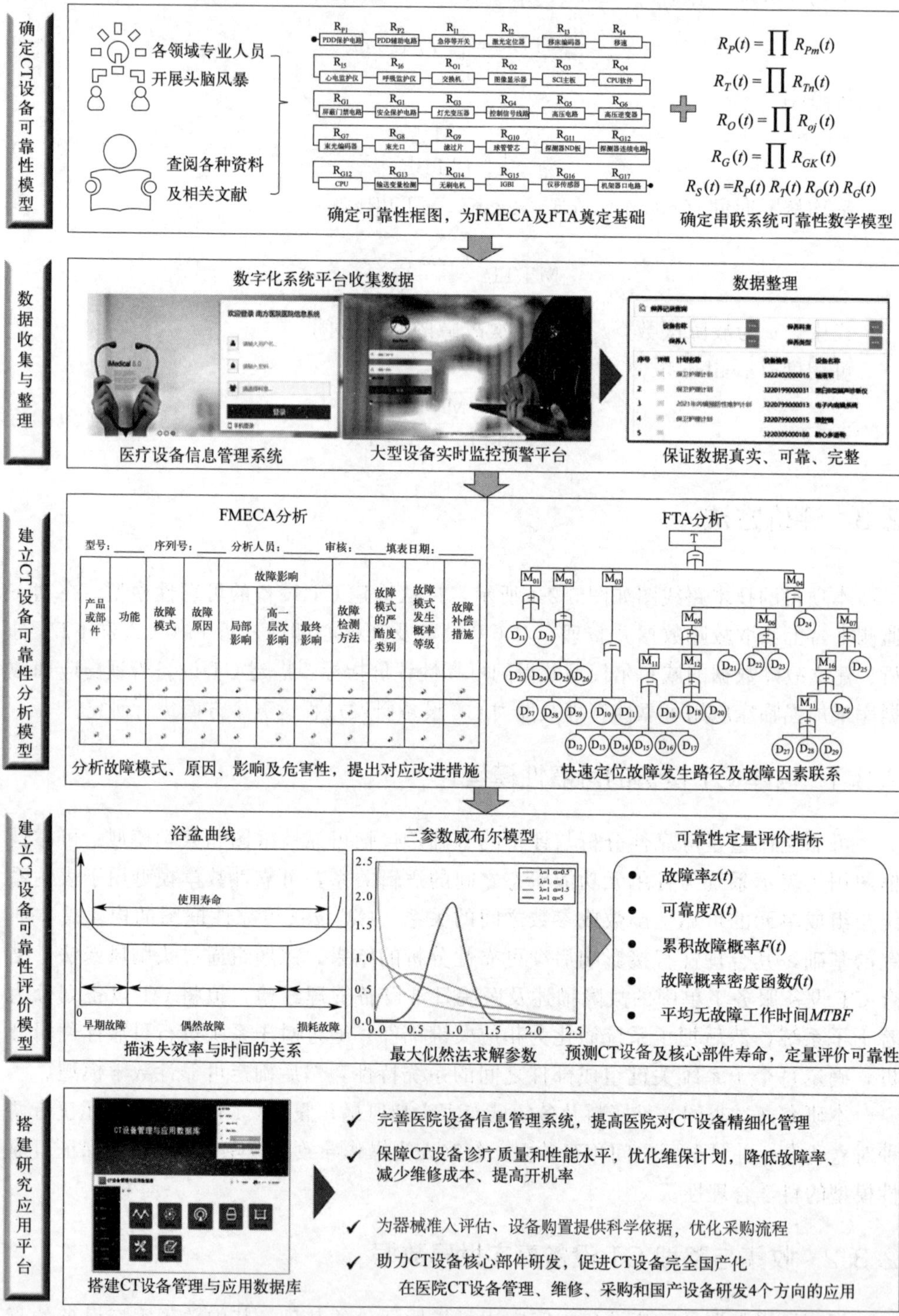
确定CT设备可靠性模型
各领域专业人员
开展头脑风暴
查阅各种资料
及相关文献
确定可靠性框图，为FMECA及FTA奠定基础
$R_P(t)=\prod R_{Pm}(t)$
$R_T(t)=\prod R_{Tn}(t)$
$R_O(t)=\prod R_{Oj}(t)$
$R_G(t)=\prod R_{GK}(t)$
$R_S(t)=R_P(t)\,R_T(t)\,R_O(t)\,R_G(t)$
确定串联系统可靠性数学模型
数据收集与整理
数字化系统平台收集数据
数据整理
医疗设备信息管理系统
大型设备实时监控预警平台
保证数据真实、可靠、完整
建立CT设备可靠性分析模型
FMECA分析
FTA分析
分析故障模式、原因、影响及危害性，提出对应改进措施
快速定位故障发生路径及故障因素联系
建立CT设备可靠性评价模型
浴盆曲线
使用寿命
早期故障
偶然故障
损耗故障
描述失效率与时间的关系
三参数威布尔模型
最大似然法求解参数
可靠性定量评价指标
故障率$z(t)$
可靠度$R(t)$
累积故障概率$F(t)$
故障概率密度函数$f(t)$
平均无故障工作时间$MTBF$
预测CT设备及核心部件寿命，定量评价可靠性
搭建研究应用平台
搭建CT设备管理与应用数据库
完善医院设备信息管理系统，提高医院对CT设备精细化管理
保障CT设备诊疗质量和性能水平，优化维保计划，降低故障率、减少维修成本、提高开机率
为器械准入评估、设备购置提供科学依据，优化采购流程
助力CT设备核心部件研发，促进CT设备完全国产化
在医院CT设备管理、维修、采购和国产设备研发4个方向的应用

图 5-2-1 技术路线图

性对研究结果具有重要影响，因此，本项目申请人及其团队从 2017 年开始布局建设数字化医院信息管理系统和大型医疗设备监管及预警平台。数字化医院信息管理系统主要用于记录设备全生命周期内的生产、安装、启用、维修、维护、保养信息。大型医疗设备监管及预警平台包含软件和硬件两部分，硬件部分用于收集大型医疗设备运行过程中产生的实时运行状态，并将其通过网络传输到后台软件及其数据库；软件部分对硬件部分收集的原始数据进行分析、处理，根据系统设置进行数据的汇总并生成报表；对于高风险设备的运行信息，该预警平台还可以将预警信息实时发送到设备管理员手机端，以便于快速了解和响应设备故障。

在上述系统和平台的支持下，可以获取 CT 设备等大型设备从安装到使用的全生命周期内包含生产、安装、启用、维修、维护、保养、日常运行情况、风险预警信息详情等的全部设备数据。总之，真实世界的数据库为本研究提供了准确、可靠、完整的数据支持。

2.3.3 构建 CT 临床使用可靠性评价模型

（1）可靠性评价指标

可靠性是指产品在规定使用条件、使用时间下完成规定功能的能力，一般用可靠度、不可靠度、故障密度函数、故障率、平均故障间隔时间和寿命等特征量来表示产品的可靠性。本研究采用可靠度、故障率和平均无故障工作时间等参数作为 CT 设备的可靠性评价指标。

（2）构建可靠性评价模型

人们在长期的可靠性实践中发现，很多产品（尤其是电子产品）的失效率与时间的关系服从浴盆故障率曲线的规律，分为早期失效、随机失效和老化失效三个阶段。早期失效阶段，产品在开始使用时，失效率很高，但随着产品工作时间的增加，失效率迅速降低。这一阶段的失效大多是设计、原材料和制造过程中的缺陷造成的。随机失效阶段，失效率较低且较稳定，往往可近似看作常数，可以用指数分布表示。这一阶段是产品的良好使用阶段，偶然失效的主要原因是质量缺陷、材料弱点、环境和使用不当。老化失效阶段，失效率随时间的延长而急速增加，主要由磨损、疲劳、老化和耗损等原因造成。这个阶段也可以用正态分布来模拟。

Weibull 分布是可靠性研究中常用的分布，它能全面地描述浴盆故障率曲线的各个阶段。当 Weibull 分布中所取参数不同时，它可以蜕化为指数分布、正态分布等。大量实践表明，凡是因为某一局部故障或故障所引起的全局功能停止运行的元件、器件、设备、系统等的寿命均服从 Weibull 分布。因此，本研究拟使用 Weibull 分布来描述 CT 设备的故障分布。通过求解 Weibull 分布的参数，计算 CT 设备的可靠度、故障率、MTBF 等可靠性特征量。

根据上述可靠性评价结果，可以预测 CT 设备故障时间及核心部件使用寿命等，并据此及时对设备进行调整，从而实现视情维修决策，保证CT设备的使用可靠性。通过搭建CT设备管理与应用数据库，可进一步完善医院设备信息管理系统，提高医院对CT设备的精细化管理。

2.4 评价结果

2.4.1 故障数据收集、识别及整理

利用数字化医院信息管理系统和大型医疗设备监管及预警平台搜集2010年至2021年三种型号CT设备的故障数据，包括设备的名称、生产厂商、设备型号、出厂编号、启用日期、首次故障发生日期、每日开机时长、每日有无故障发生、故障发生时间、故障部件、故障描述、故障原因、故障类型、修复时间等，数据采集对象为课题合作医院的CT设备共计31台，故障记录共901条。

2.4.2 基于FMECA的CT设备可靠性评价

FMECA研究路线如图5-2-2所示。以收集到的CT设备故障数据作为研究对象；邀请六位专家组成FMECA小组，FMECA小组成员信息见表5-2-1；通过收集故障数据和厂家技术资料，对系统进行定性分析，总结出44种故障模式；针对传统FMECA的缺点进行改进，并通过定量分析计算出RPN值；最后对RPN值进行排序，RPN值较高的部分应重点改进。

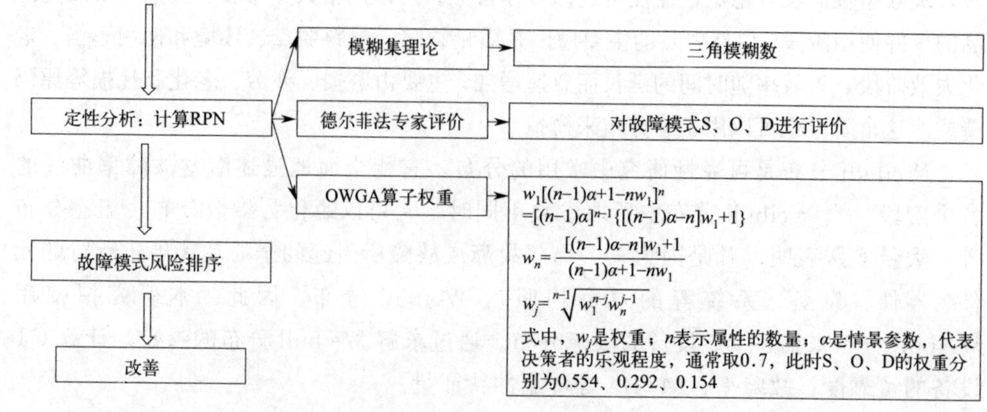

图5-2-2 FMECA流程图

表 5-2-1　FMECA 小组成员信息表

指标	专家 1	专家 2	专家 3	专家 4	专家 5	专家 6
职业	CT 临床工程师	CT 操作员	CT 厂家工程师	CT 临床工程师	CT 临床工程师	可靠性研究员
工龄	>10 年	>10 年	>10 年	<10 年	<10 年	<10 年
职称	高级工程师	技师	工程师	中级工程师	中级工程师	中级工程师
权重	0.3	0.2	0.2	0.1	0.1	0.1

(1) 构建 FMECA 小组

由于风险因素发生概率、严重程度和可检测度是基于专家的经验获得的，因此召集研究对象相关的使用者、管理者、维护者及领域专家等相关人员组成专家小组，并评出成员的能力权重 β_i。本研究的 FMECA 小组成员信息如表 5-2-1 所示。FMECA 小组主要有两项任务：

① 对研究的目标进行功能识别，明确故障模式、故障模式的影响、故障模式可能发生的原因、当前的控制手段等，设计 FMECA 表格并填写表格。

② 对故障模式的 S、O、D 进行打分。

(2) 定性分析

FMECA 小组通过总结 CT 设备故障工单，得到的故障模式见表 5-2-2。

表 5-2-2　故障模式汇总表

故障条目	故障描述	故障条目	故障描述
FM1	床频繁报错停机	FM23	触摸屏不灵敏
FM2	升降按钮不灵	FM24	机架异响
FM3	床升降中断	FM25	激光灯间歇性不亮
FM4	多功能脚踏不灵敏	FM26	主机和工作站之间无法传输图像
FM5	脚踏开关未复位	FM27	频繁死机
FM6	床运动故障	FM28	无法开机
FM7	床异响	FM29	数据库报错
FM8	床垫损坏	FM30	控制盒按键不灵
FM9	床外壳凸起	FM31	不能刻录
FM10	床外壳撞坏	FM32	计算机反应慢
FM11	球管损坏	FM33	主屏黑屏
FM12	高压系统损坏	FM34	键盘损坏
FM13	不能曝光	FM35	原始数据盘空间不足
FM14	探测器故障	FM36	系统时间错误
FM15	焦点控制板故障	FM37	重建速度慢
FM16	扫描不能同步	FM38	重建失败
FM17	旋转出错	FM39	重建计算机报错
FM18	机架启动失败	FM40	重建计算机连接失败
FM19	机架无法上电	FM41	空压机异响
FM20	补偿器破裂	FM42	冷却效果不佳
FM21	机架掉电	FM43	ECG 信号不能读取
FM22	触摸屏不亮	FM44	ECG 信号中断

(3) 定量分析

将模糊语言的概念向 FMECA 小组的专家们讲述清楚后，各专家对 S、O、D 的 5 种评价语言术语进行评价，并将各评价意见汇总，可以得到 S、O、D 的三角模糊数，并将 5 种评价语言术语由三角模糊数转化为清晰数，具体过程如图 5-2-3 所示。

在这个阶段，FMECA 小组的专家各自独立对每种故障模式的 S、O、D 作出

建立模糊语言术语集

语言术语	严重程度(S)	发生概率(O)	可检测度(D)
非常低	几乎不会对设备产生影响	不太可能发生	不被检出概率很低
低	设备功能正常，只对某些性能产生微弱影响	相对较少发生	不被检出概率较低
中等	设备能使用，但某些重要性能受到影响	偶尔发生	偶尔不被检出
高	设备功能出现较大问题，基本丧失功能	经常发生	不被检出概率较高
非常高	设备功能失效，危机人身安全或违反法律法规	高频发生	不被检出概率极高

⇩

确定模糊数

FMECA成员	β	非常低(VL)	低(L)	中等(M)	高(H)	非常高(VH)
1	0.3	(0,1,2.8)	(1.5,3,4.7)	(4,5,7)	(6.8,8,9)	(8.5,9.8,10)
2	0.2	(0,1,2.6)	(1.5,3,4.9)	(4,5,7)	(6.6,7.9,9)	(8.8,9.8,10)
3	0.2	(0,1,2.6)	(1.7,3,5)	(3.9,5.5,6.8)	(6.6,8,9)	(8.5,9.5,10)
4	0.1	(0,1,2.4)	(1.8,3,4.7)	(3.5,5,6.3)	(6.8,7.5,9.2)	(8.4,9.8,10)
5	0.1	(0,1,2.5)	(1.5,3,5)	(3.8,5,6.9)	(6.5,8,9)	(8.6,9.6,10)
6	0.1	(0,1,2.7)	(1.7,3,5)	(4,5,6.5)	(6.6,8.2,9.3)	(8.6,9.5,10)
总和	1	(0,1,2.6)	(1.6,3,4.9)	(3.9,5.1,6.8)	(6.7,8,9)	(8.6,9.7,10)

⇩

去模糊化

评价语言	VL	L	M	H	VH
清晰数	1.2	3.2	5.3	7.9	9.4

图 5-2-3 建立模糊语言术语集、确定模糊数、去模糊化流程图

评价并计算均值，结果如表 5-2-3 所示。

表 5-2-3 专家评分表

故障条目	S	O	D	故障条目	S	O	D
FM1	9.4	4.3	1.2	FM23	6.6	2.5	1.2
FM2	8.2	3.2	1.2	FM24	7	2.2	1.2
FM3	9.2	3.2	1.2	FM25	7.9	2.2	1.2
FM4	5.7	2.9	1.5	FM26	5.3	6.6	1.5
FM5	8.2	1.5	1.5	FM27	9.4	2.5	1.2
FM6	9.4	2.5	7	FM28	8.2	2.2	1.2
FM7	9.2	3.6	1.2	FM29	7	2.5	1.2
FM8	3.2	2.9	1.2	FM30	8.7	2.5	1.2
FM9	3.2	1.5	1.5	FM31	3.2	6.3	1.5
FM10	8.7	2.9	1.2	FM32	3.9	6.7	1.2
FM11	9.4	7	1.2	FM33	9.4	2.5	1.2
FM12	9.4	7	5	FM34	6.6	5.3	1.2
FM13	9.4	6.6	1.9	FM35	5	5	1.2
FM14	9.2	7	5	FM36	3.9	6.6	1.2
FM15	8.9	3.6	3.6	FM37	6.2	7.9	1.9
FM16	8.9	3.6	3.6	FM38	5.7	3.9	1.9
FM17	9.4	3.2	2.9	FM39	4.6	5	1.2
FM18	8.4	5.3	3.6	FM40	5.3	7	1.2
FM19	8.7	2.9	2.9	FM41	6.6	2.9	1.9
FM20	8.4	3.6	3.9	FM42	6.6	2.2	1.2
FM21	8.9	3.6	1.2	FM43	6.2	2.5	1.2
FM22	8.2	2.5	1.2	FM44	7.3	3.6	1.2

（4）故障模式风险排序

使用 OWGA 算子进行权重计算来优化 RPN 值。用式(5-9)～式(5-11)计算 S、O、D 的权重，式(5-12)用于计算重新分配权重后的 RPN 值。

$$w_n=\frac{[(n-1)\alpha-n]w_1+1}{(n-1)\alpha+1-nw_1} \tag{5-9}$$

$$w_j = \sqrt[n-1]{w_1^{n-j} w_n^{j-1}} \tag{5-10}$$

$$w_1[(n-1)\alpha+1-nw_1]^n=[(n-1)\alpha]^{n-1}\{[(n-1)\alpha-n]w_1+1\} \tag{5-11}$$

$$\mathrm{RPN}=\mathrm{S}^{W_1}\times \mathrm{O}^{W_2}\times \mathrm{D}^{W_3} \tag{5-12}$$

式中，w_j 是权重；n 表示属性的数量；α 是情景参数，代表决策者的乐观程度，$\alpha=0$ 表示决策者最不乐观，$\alpha=0.5$ 表示决策者乐观程度中等，在这种情况下与传统的排序结果相同；$\alpha=1$ 表示乐观程度最高。情境参数相关文献表明，实际的情景参数 α 通常取 0.7，因此传统 FMECA 方法搭配的风险顺序与本研究的结果（见图 5-2-4）存在差异，表 5-2-4 为不同情景参数下的最佳权重向量。针对该差异，

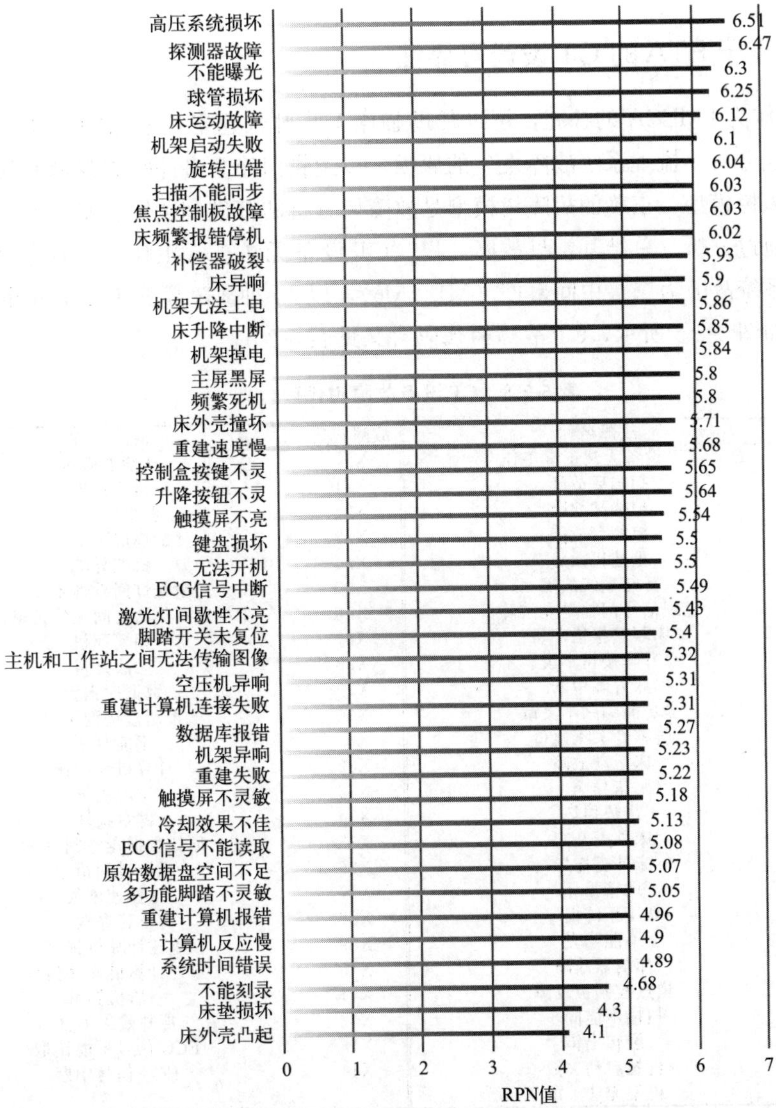

图 5-2-4 故障模式风险排序

咨询了本团队的资深临床工程师和相关领域的专家，得到了对本研究方法的风险排序结果的肯定。基于排序结果，该院临床工程师可以采取相应的纠正措施，制定新的控制手段，消除相关故障模式的影响。

表 5-2-4 不同情景参数下的最佳权重向量

α	w_1	w_2	w_3
0.5	0.3333	0.3333	0.3333
0.6	0.4384	0.3232	0.2384
0.7	0.5540	0.2920	0.1540
0.8	0.6819	0.2358	0.0820
0.9	0.8263	0.1470	0.0260
1	1	0	0

2.4.3 基于FTA的CT设备可靠性

FTA 作为 FMECA 的补充，可以帮助临床工程师快速定位故障的路径。该方法通过广泛地分析、梳理系统故障发生的原因，以逻辑门建立事件间的逻辑关系，从而建立起故障树模型，正确的故障树模型是故障树分析的基础和关键。基于 CT 设备结构原理，通过分析、总结其常见故障，以“CT 设备无法正常工作”为顶事件（T），以 6 个子系统故障为二级中间事件（M1～M6），以 44 种故障模式为相关底事件，建立故障树如图 5-2-5 所示，CT 故障树代码含义见表 5-2-5。

表 5-2-5 CT 设备故障树代码含义

故障代码	故障名称	故障代码	故障名称
T	CT 设备无法正常工作	X20	补偿器破裂
M1	扫描床故障	X21	机架掉电
M2	扫描架故障	X22	触摸屏不亮
M3	控制台故障	X23	触摸屏不灵敏
M4	重建机故障	X24	机架异响
M5	冷却系统故障	X25	激光灯间歇性不亮
M6	生理信号门控单元故障	X26	主机和工作站之间无法传输图像
X1	床频繁报错停机	X27	频繁死机
X2	升降按钮不灵	X28	无法开机
X3	床升降中断	X29	数据库报错
X4	多功能脚踏不灵敏	X30	控制盒按键不灵
X5	脚踏开关未复位	X31	不能刻录
X6	床运动故障	X32	计算机反应慢
X7	床异响	X33	主屏黑屏
X8	床垫损坏	X34	键盘损坏
X9	床外壳凸起	X35	原始数据盘空间不足
X10	床外壳撞坏	X36	系统时间错误
X11	球管损坏	X37	重建速度慢
X12	高压系统损坏	X38	重建失败
X13	不能曝光	X39	重建计算机报错
X14	探测器故障	X40	重建计算机连接失败
X15	焦点控制板故障	X41	空压机异响
X16	扫描不能同步	X42	冷却效果不佳
X17	旋转出错	X43	ECG 信号不能读取
X18	机架启动失败	X44	ECG 信号中断
X19	机架无法上电		

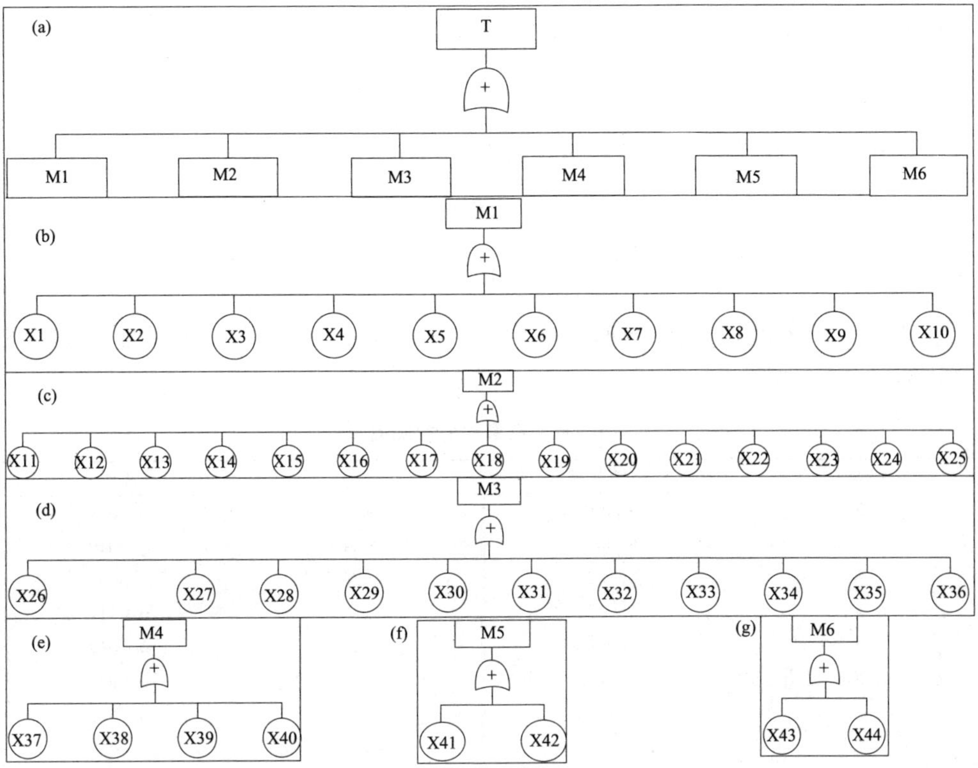

图 5-2-5　故障树模型

（a）CT 设备顶事件和中间事件构成的故障树；（b）～（g）分别为子系统 1 至子系统 6 的故障树

然后引入“非常低”“很低”“低”“中等”“高”“很高”“非常高”7 个自然语言变量（$F_{非常低}$、$F_{很低}$、$F_{低}$、$F_{中等}$、$F_{高}$、$F_{很高}$、$F_{非常高}$）评价底事件故障可能性，并采用三角模糊数［隶属度函数，如式(5-13）所示］对专家评价意见进行模糊化处理。

$$\begin{cases} F_{非常低}=(0.00,0.00,0.10) \\ F_{很低}=(0.00,0.10,0.25) \\ F_{低}=(0.15,0.30,0.45) \\ F_{中等}=(0.35,0.50,0.65) \\ F_{高}=(0.55,0.70,0.85) \\ F_{很高}=(0.75,0.90,1.00) \\ F_{非常高}=(0.90,1.00,1.00) \end{cases} \tag{5-13}$$

最后，为有效降低专家评判的主观性差异，本研究采用聚合模糊数计算 5 名专家的综合评判意见，然后采用均值面积法对聚合模糊数去模糊并转换成模糊可能性分数（fuzzy possibility score，FPS），从而得到常规故障概率。若某个底事件的聚合模糊数为（a，b，c），去模糊计算FPS的公式如式(5-14）所示。

$$\text{FPS}=\frac{(a+2\times b+\text{c})}{4} \tag{5-14}$$

然后，计算故障概率（P），如式(5-15）所示。

$$P\begin{cases}\dfrac{1}{10^{\alpha}},(\text{FPS}\neq 0)\\0,(\text{FPS}=0)\end{cases} \tag{5-15}$$

其中，$\alpha=2.301\times\left[(1-\text{FPS})/\text{FPS}\right]^{\frac{1}{3}}$。因此，计算可得各底事件的故障概率，如表5-2-6所示。

表5-2-6 底事件的故障概率

底事件	故障概率	底事件	故障概率
X1	0.004	X23	0.0014
X2	0.0028	X24	0.0012
X3	0.0026	X25	0.0009
X4	0.0025	X26	0.0111
X5	0.0005	X27	0.0013
X6	0.002	X28	0.0009
X7	0.0039	X29	0.0012
X8	0.0023	X30	0.0012
X9	0.0003	X31	0.0096
X10	0.0022	X32	0.013
X11	0.0331	X33	0.0012
X12	0.0293	X34	0.0055
X13	0.012	X35	0.0048
X14	0.019	X36	0.0099
X15	0.0036	X37	0.0388
X16	0.0035	X38	0.0039
X17	0.0026	X39	0.0048
X18	0.0069	X40	0.0133
X19	0.0022	X41	0.002
X20	0.0034	X42	0.0007
X21	0.0034	X43	0.0012
X22	0.0017	X44	0.0033

X37、X11、X12、X14对应的事件发生故障概率较大，在系统优化设计、日常使用及故障诊断过程中应重点关注。

2.4.4 基于Weibull分布的CT设备可靠性特征量比较

为比较不同品牌CT设备的可靠性，本研究对A、B、C三种品牌CT设备的连续两个故障事件之间的时间进行分类，然后分别对每一个品牌进行 Weibull 分布分析，最终得到的可靠性特征量如图 5-2-6 和表 5-2-7 所示，综合结果来看，品牌 B 的可靠性相对来说是最好的。

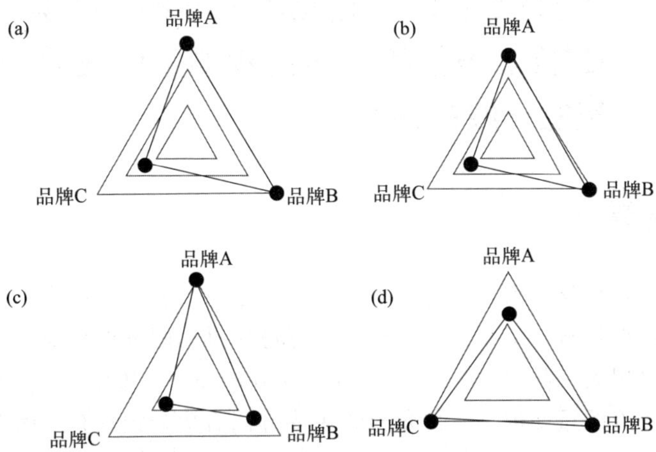

图 5-2-6 (a) 不同品牌 CT 设备的平均无故障工作时间雷达图；(b) 不同品牌 CT 设备的故障率雷达图；(c) 不同品牌 CT 设备的平均修复时间雷达图；(d) 不同品牌 CT 设备的可用度雷达图

表 5-2-7 三种品牌 CT 设备的可靠性特征量

品牌	MTBF	λ	MTTR	A
A	47.5729d	0.021	3h	0.9407
B	48.2484d	0.0207	2.79h	0.9453
C	44.6298d	0.0224	2.62h	0.9446

2.5 讨论与展望

本研究针对传统 FMECA 的不足，在模糊集理论与有序加权几何平均算子的基础上，引入情景参数优化故障模式风险排序，不仅解决了传统 RPN 数值重复问题与权重分配问题，而且提供了包括决策者风险偏好的合理的风险评估方法，帮助医疗设备风险评估人员找到更关键的故障模式进行重点改进；建立了 CT 设备故障树，帮助临床工程师更快地定位故障，采用专家评价法和聚合模糊数计算故障树底事件的故障概率，确定系统薄弱环节；使用 MTBF、MTTR、λ、A 四个可靠性特征量对比了三种品牌 CT 设备的可靠性，发现 B 品牌 CT 设备可靠性最好，平均无故障工作时间为 48.2484 天，该结论既可帮助临床工程师优化保养计划，也可为设备购置提供参考依据。

（南方医科大学南方医院 陈宏文、凌庆庆、樊立天）

案例 3 基于真实世界数据的时域光学相干断层成像（TD-OCT）、扫频源光学相干断层成像（SS-OCT）设备和光学生物测量仪在近房角参数测量的一致性评价

3.1 项目背景

近视是导致青少年视力损伤的主要眼部疾病之一，其中，高度近视可能引起一系列并发症，甚至致盲。房角是房水经巩膜静脉窦排出眼外的重要部位，房角参数是晶状体眼后房型人工晶状体（implantable contact lens，ICL）植入术术前晶体选择、术后效果评价的重要依据。房角检查主要方法有房角镜检查、前节光学相干断层成像（optical coherence tomography，OCT）、超声生物显微镜（ultrasound biomicroscopy，UBM）等。因房角镜检查依赖医生熟练程度和患者配合程度，检查程序烦琐，耗费时间较长，主观性强，不适合临床大范围快速筛查。UBM 和前节 OCT 在房角检查中具有较好的重复性和可靠性，但 UBM 检查时间较长，而 OCT 作为非接触式检查，可用于外伤、术后等，更加高效、便捷。目前，OCT 已经成为房角疾病筛查和诊断的重要辅助工具和手段。

房角前节 OCT 检查主要分为时域 OCT（time domain OCT，TD-OCT）、扫频源 OCT（swept source OCT，SS-OCT）和光学生物测量仪等。目前 SS-OCT、TD-OCT 和光学生物测量仪虽然已经广泛用于房角测量，但是不同厂商的 OCT 设备测量参数之间存在一定差异，并且 OCT 设备暂无对应的计量质量控制规范或国家强制检定标准。基于此，本项目拟开展基于真实世界证据的 TD-OCT、SS-OCT 和光学生物测量仪的临床应用评价研究，为临床诊疗提供一定的参考。

3.2 项目目标与内容

3.2.1 项目目标

明确扫频源光学相干断层成像（SS-OCT）扫描仪、时域光学相干断层成像（TD-OCT）扫描仪和光学扫频生物测量仪在房角测量中是否存在差异，开展基于真实世界证据的一致性评价。

3.2.2 项目内容

① 开展基于真实世界证据的扫频源光学相干断层成像（SS-OCT）扫描仪与时

域光学相干断层成像（TD-OCT）扫描仪在房角开放距离（AOD500、AOD750）、巩膜突角度（SSA500）、小梁-虹膜空间面积（TISA500、TISA750）测量的临床应用一致性评价。

② 开展基于真实世界数据的扫频源光学相干断层成像（SS-OCT）扫描仪、时域光学相干断层成像（TD-OCT）扫描仪与光学扫频生物测量仪在前房深度（ACD）和角膜厚度（CCT）测量的临床应用一致性评价。

3.3 评价内容

随着近年来近视手术的精细化、个性化，术前房角参数测量的重要性日益凸显。前房深度（anterior chamber depth，ACD）和角膜厚度（central corneal thickness，CCT）作为全飞秒激光小切口基质透镜取出术（SMILE 全飞秒）、飞秒激光辅助分子激光原位角膜磨镶术（飞秒 LASIK）、可植入式胶原人工晶状体（ICL 晶状体）植入等术式选择的重要指标，其测量精度直接影响近视术式的选择。目前常用的 ACD 和 CCT 测量方法主要包括 A 型超声扫描（A 超）、光学相干断层成像（optical coherence tomography，OCT）等。A 超测量须使用表面麻醉药物且超声探头须接触角膜表面，不仅存在角膜上皮缺损和感染的风险，而且麻醉药物和探头压迫会影响测量数值。而 OCT 扫描具有无创、非接触等特点，已经成为 ACD 和 CCT 测量的首选方式。

目前 OCT 设备种类较多，其中最具代表性的设备有光学生物测量仪和时域 OCT（time domain OCT，TD-OCT）扫描仪等。因两类设备分别测量视轴和瞳孔轴对应数据，瞳孔轴和视轴存在夹角，不同设备间测量的数据具有一定差异性。此外，根据眼睛不同组织的成像需求，厂家在设备系统内置不同扫描检查程序，不同扫描模式也可能导致测量数据存在差异，目前针对不同设备不同扫描模式测量数据的一致性分析相对较少。基于此，本研究分别选用 Visante2000（TD-OCT，德国蔡司）常用的增强眼前段单线（enhanced anterior segment single，EASS）和眼前段单线（anterior segment single，ASS）扫描模式与 IOLMaster700（光学扫频生物测量仪，德国蔡司）测量的 ACD 和 CCT 分别进行数据对比分析，分析 Visante2000 在不同扫描模式测量的 ACD 与 CCT 与 IOLMaster700 测量结果的差异性、相关性和一致性，探讨不同测量模式是否影响瞳孔轴和视轴测量 ACD 和 CCT 数据，为临床诊疗提供一定的参考。

3.4 资料与方法

3.4.1 一般资料

本研究经过医院伦理委员会批准［医研伦审（2023）第 188 号］，遵守《赫尔辛基宣言》的规则。选取 2022 年 7 月至 2023 年 5 月到医院眼科就诊的患者。患者纳入标准：

①单纯近视患者，无眼底并发症；②2 个月内无隐形眼镜佩戴史、角膜正常；③患者固视良好，无重度干眼症，未使用睫状肌麻痹药物；④患者同时完成 Visante2000 ASS 扫描测量和 IOLMaster700 数据测量或 Visante2000 EASS 扫描测量和 IOLMaster700 数据测量。患者排除标准：①年龄小于 18 周岁的未成年人；②伴有眼部其他病变者，如角膜病变、青光眼；③有病理性近视并发症者，如脉络膜新生血管、黄斑萎缩、视网膜变性等；④有眼内或角膜手术史、外伤史。本研究共纳入 123 例患者（210 眼），其中 ASS 扫描 69 例患者（114 眼），EASS 扫描 54 例患者（96 眼）。

3.4.2 检查仪器

TD-OCT 设备：采用德国蔡司 Visante2000，光源功率 6.5mW，中心波长 1310nm，轴向分辨率 18μm，横向分辨率 60μm，眼前节扫描深度 6mm，扫描宽度 16mm，每秒可以完成 2000 次线扫描。

光学生物测量仪：采用德国蔡司的 IOLMaster 700，激光中心波长为 1055nm，每秒完成 2000 次线扫描，扫描角度 0°、30°、60°、90°、120°、150°，扫描深度 44mm，扫描宽度 6mm，组织分辨率 22μm。

3.4.3 测量原理

光学生物测量仪与 TD-OCT 设备均基于 OCT 技术。光学生物测量仪采用扫频源光学相干断层成像（Swept Source OCT，SS-OCT）技术，其关键在于 SS-OCT 利用扫频激光源连续产生具有特定波长间隔的窄带激光，通过探测器捕获从视网膜组织反射回来的反射光束与参考光束的相干叠加信号，进而进行信号处理重建出生物组织的高分辨率结构图像。相对地，TD-OCT 设备使用固定中心波长的激光光源，通过测量光束的相干性来实现成像。SS-OCT 技术因其扫频特性，在视网膜成像深度和速度方面展现出显著优势，而 TD-OCT 则因其技术成熟度和成本效益仍具有其独特价值。

3.4.4 数据测量

所有入组患者均需要接受眼部的常规检查，包括病史的采集、视力检查、眼压测量、验光及裂隙灯检查等。在 OCT 检查前使用 75%酒精棉签擦拭颌托和上颌托，输入患者资料，让患者下颌置于颌托并调整高度，调节设备使图像居中。嘱患者睁大眼睛注视内注视标，用棉签轻拨上睑以暴露全周角膜缘。采用蔡司 Visante2000（软件版本号 3.0.1.8）时，选择 HD Anterior Segment Single 程序，校正固视角度，调整偏振性，鼠标单击 Acquire 键，完成图像采集。采用蔡司 IOLMaster700（软件版本号 1.88.1.64861）时，测量前嘱患者眨眼，使其角膜表面形成光滑泪膜光学面，对焦测量患者 ACD 和 CCT，测量结果信噪比应小于 2.1。分别测量 ACD 和 CCT，ACD 定义为从角膜中央角膜内皮后表面到晶状体前表面的距离，其中 IOLMaster700 测量 ACD 时需要去除 CCT；CCT 定义为角膜中央上皮细胞层至角膜内皮层的直线距离。

3.4.5 统计学分析

使用 SPSS 25.0 统计学软件分别对 Visante2000 ASS 和 EASS 扫描模式下 ACD 和 CTT 数据与 IOLMaster700 的 ACD 和 CCT 测量数据进行分析。ACD 和 CCT 测量数据若满足正态分布，使用配对 t 检验和 Pearson 相关性分析；否则使用非参数检验和 Spearman 相关性分析。在差异性分析中，若 $p<0.05$，则差异性具有统计学意义，反之则无；在相关性分析中，若 $p<0.05$ 则相关性具有统计学显著性，反之则无。ACD 和 CCT 测量数据一致性分析均采用 Bland-Altman 检验。

3.5 结果

3.5.1 Visante2000 和 IOLMaster700 测量 ACD 和 CCT 的差异性

在 Visante2000 的 ASS 扫描模式下，ACD 测量数据满足正态分布，CCT 数据不满足正态分布，Visante2000 测量的 ACD 为（3.18±0.23）mm，IOLMaster700 测量的 ACD 为（3.19±0.23）mm，对 Visante2000 和 IOLMaster700 的 ACD 测量数据进行 t 检验，差异无统计学意义（$t=-1.76$，$p>0.05$）。Visante2000 测量的 CCT 为（528.68±32.55）μm，IOLMaster700 测量的 CCT 为（519.51±32.75）μm，Visante2000 ASS 扫描和 IOLMaster700 的 CCT 测量数据非参数检验结果显示二者差异有统计学意义（$Z=-8.308$，$p<0.001$），如表 5-3-1a、表 5-3-1b 所示。

在 Visante2000 的 EASS 扫描模式下，ACD 和 CCT 测量数据均不满足正态分布，Visante2000 和 IOLMaster70 的 ACD 测量数据均为（3.24±0.2）mm，Visante2000 和 IOLMaster700 的 ACD 测量数据 t 检验结果显示二者差异无统计学意义（$Z=-1.16$，$p>0.05$）。Visante2000 测量的 CCT 为（529.9±28.82）μm，IOLMaster700 测量的 CCT 为（521.6±30.14）μm，Visante2000 和 IOLMaster700 的 ACD 测量数据 t 检验结果显示二者差异有统计学意义（$Z=-7.62$，$p<0.001$），如表 5-3-2 所示。

3.5.2 Visante2000 和 IOLMaster700 测量 ACD 和 CCT 的相关性

Visante2000 在 ASS 和 EASS 扫描模式下和 IOLMaster700 的 ACD 和 CCT 测量结果均呈显著正相关（$p<0.001$）。其中，Visante2000 在 ASS 扫描模式下和 IOLMaster700 的 ACD 和 CCT 测量结果的相关系数分别为 $r=0.975$，$\rho=0.974$；Visante2000 在 EASS 扫描模式下和 IOLMaster700 的 ACD 和 CCT 测量结果的

Spearman 相关系数分别为 ρ=0.941，ρ=0.965，如表 5-3-1、表 5-3-2 所示。

表 5-3-1a Visante2000 ASS 扫描与 IOLMaster700 的 ACD 测量数据的差异性和相关性（n=114）

测量参数	设备类别	测量数据/mm（均值±标准差）	t 检验		Pearson 相关性分析	
			t 值	p 值	r 值	p 值
ACD	Visante2000	3.18±0.23	−1.76	0.081	0.975	<0.001
	IOLMaster700	3.19±0.23				

表 5-3-1b Visante2000 ASS 扫描与 IOLMaster700 的 CCT 测量数据的差异性和相关性（n=114）

测量参数	设备类别	测量数据/μm（均值±标准差）	非参数检验		Spearman 相关性分析	
			Z 值	p 值	ρ 值	p 值
CCT	Visante2000	528.68±32.55	−8.308	<0.001	0.974	<0.001
	IOLMaster700	519.54±32.75				

表 5-3-2 Visante2000 EASS 扫描与 IOLMaster700 测量数据的差异性和相关性（n=96）

测量参数	设备类别	测量数据（均值±标准差）	非参数检验		Spearman 相关性	
			Z 值	p 值	ρ 值	p 值
ACD	Visante2000	(3.24±0.2)mm	−1.16	0.247	0.941	<0.001
	IOLMaster700	(3.24±0.2)mm				
CCT	Visante2000	(529.9±28.82)μm	−7.62	<0.001	0.965	<0.001
	IOLMaster700	(521.6±30.14)μm				

3.5.3 Visante2000 和 IOLMaster700 测量 ACD 和 CCT 的一致性

将 Visante2000 不同扫描模式与 IOLMaster700 的测量差值作为纵坐标，Visante2000 不同扫描模式与 IOLMaster700 的测量均值作为横坐标，分别绘制 ACD、CCT 的 Bland-Altman 图，如图 5-3-1a、图 5-3-1b、图 5-3-2a、图 5-3-2b 所示。如表 5-3-3 所示，Visante2000ASS 扫描模式与 IOLMaster700 的 ACD 测量差值为（−0.01±0.05）mm，95%一致性界限（95% limits of agreement，95% LoA）为（−0.11～0.09）mm，线外点所占比例为 4.39%。二者 CCT 测量差值为（9.14±7.13）μm，95% LoA 为（−4.83～23.11）μm，线外点所占比例为 6.14%。Visante2000EASS 扫描模式与 IOLMaster700 的 ACD 测量差值为（0.01±0.06）mm，95%一致性界限为（−0.12～0.13）mm，线外点所占比例为 9.38%。二者 CCT 测量差值为（8.29±6.96）μm，95% LoA 为（−5.36～21.94）μm，线外点所占比例为 4.17%。

表 5-3-3 Visante2000 不同扫描模式与 IOLMaster700 测量数据的一致性

类别	测量参数	差值(均值±标准偏差)	95% LoA	线外点占比[%(眼数比)]
Visante2000 ASS −IOLMaster700	ACD	(−0.01±0.05)mm	−0.11～0.09	4.39%(5/114)
	CCT	(9.14±7.13)μm	−4.83～23.11	6.14%(7/114)
Visante2000 EASS—IOL Master700	ACD	(0.01±0.06)mm	−0.12～0.13	9.38%(9/96)
	CCT	(8.29±6.96)μm	−5.36～21.94	4.17%(4/96)

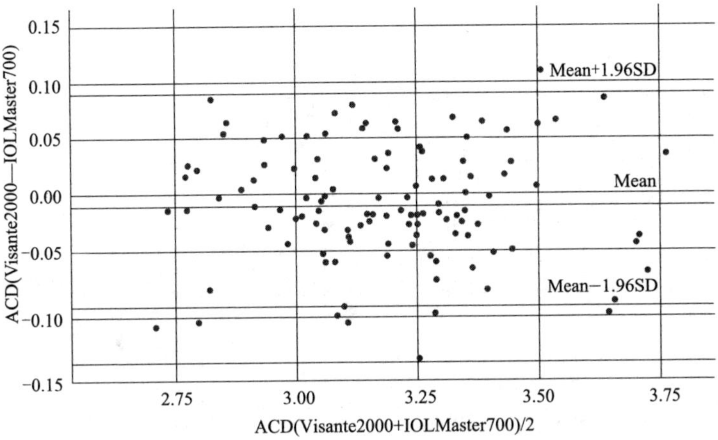

图 5-3-1a　Visante2000 ASS 扫描与 IOLMaster700 测量 ACD 一致性

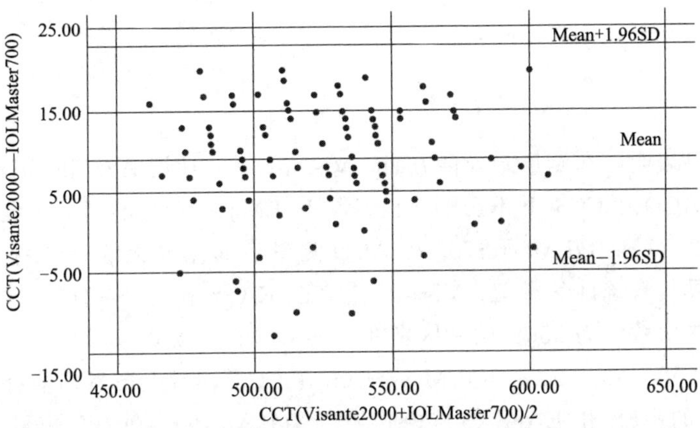

图 5-3-1b　Visante2000 ASS 扫描与 IOLMaster700 测量 CCT 一致性

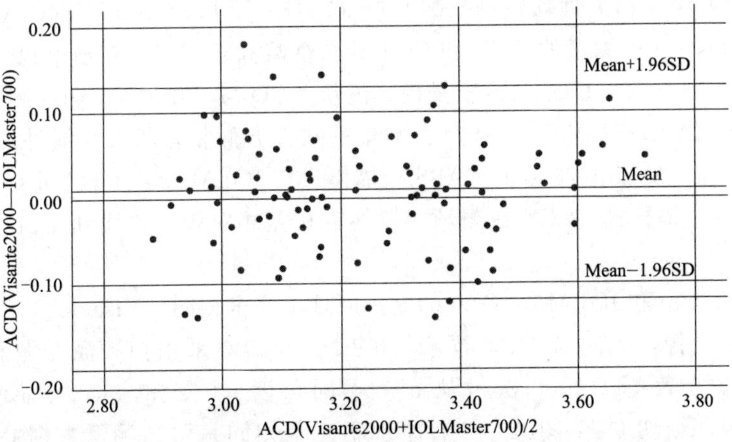

图 5-3-2a　Visante2000 EASS 扫描与 IOLMaster700 测量 ACD 一致性

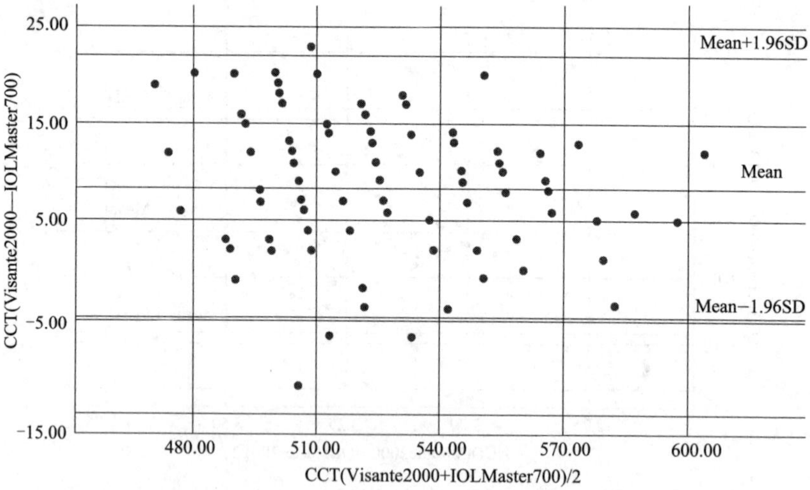

图 5-3-2b Visante2000 EASS 扫描与 IOLMaster700 测量 CCT 一致性

3.6 讨论

研究结果表明：在测量差异性方面，Visante2000 使用 ASS 和 EASS 的不同扫描模式测量 ACD 和 CCT 并不影响该设备与 IOLMaster700 的测量参数的统计学差异，Visante2000 和 IOLMaster700 在 ACD 测量上的差异无统计学意义，在 CCT 测量上的差异具有统计学意义。Visante2000 的 EASS 和 ASS 扫描模式均采用直线扫描，A 扫描次数均为 256，两者区别在于 EASS 扫描模式采用 4 次登记和平均化的基本扫描。Visante2000 和 IOLMaster700 在 CCT 测量上虽然均值存在差异，但 Visante2000 的 ASS 和 EASS 扫描模式下与 IOLMaster700CCT 测量差值均值为 9.14μm 和 8.29μm，两者差值均值差异较小。在测量相关性方面，两台设备的 ACD 和 CCT 测量相关性均较高（0.941～0.975），但是 Visante2000 ASS 扫描模式与 IOLMaster700 测量的 ACD 和 CCT 相关性略高于 EASS 扫描模式。在测量一致性方面，Visante2000 的 ASS 扫描模式测量 ACD 与 IOLMaster700 测量 ACD 的一致性优于 EASS 扫描模式，ACD 在测量一致性方面相差较大，线外点占比约相差 5 个百分点。Visante2000 的 EASS 扫描模式与 IOLMaster700 测量 CCT 的一致性优于 ASS 扫描模式，CCT 在测量一致性上相差相对较小，线外点占比约相差 2 个百分点。

Visante2000 和 IOLMaster700 的测量原理不完全相同。Visante2000 使用激光光源相干后成像，为时域 OCT 技术。IOLMaster700 采用扫频激光源相干成像。IOLMaster700 激光以 2000 次/s 从 6 个不同角度（0°、30°、60°、120°、150°）扫描获取眼部纵切 OCT 图像。二者原理不完全相同是引入测量数据差异性的重要原因。研究发现，不同 OCT 技术在测量同一患者角膜厚度、视神经纤维厚度、视网膜厚度时有差异，即不同测量方式会导致测量值有所偏差。Visante2000 和 IOLMaster700 的分辨率不同。Visante2000 和 IOLMaster700 扫描速度均为 2000 次/秒，扫描时间≥3.5 秒，但 Visante2000 的激光中心波长为 1310nm，轴向分辨率为 18μm；IOLMaster700 的激光中心波长为 1055nm，组织分辨率为 22μm。眼底对不同波长的吸收和反射均不完全相同，从而影响测量结果。Visante2000 对应瞳孔轴数据，即垂直穿过角膜中心和瞳孔中心的连线对应的 ACD 和 CCT 数据，IOLMaster700 对应视轴数据，即注视点和黄斑中心凹的连线对应的 ACD 和 CCT。瞳孔轴和视轴之间存在 kappa 角，如图 5-3-3 所示，因为 kappa 角的存在，瞳孔轴和视轴并不完全的重合，导致 ACD 和 CCT 测量数据不一致。

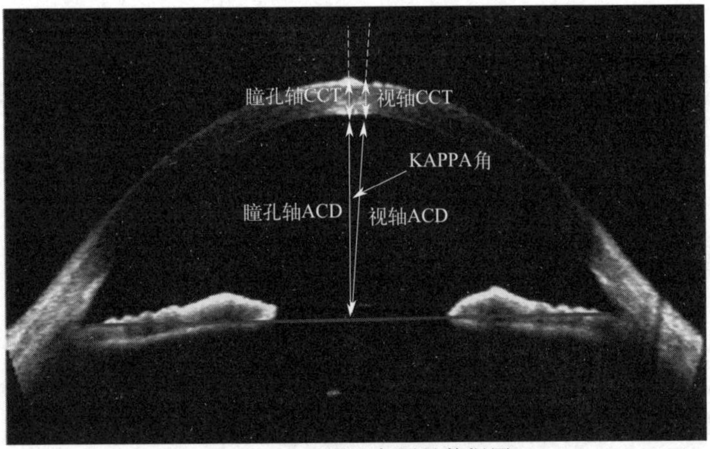

图 5-3-3　不同设备测量数据图

3.7　结论

本研究通过拟制纳入和排除标准，比较和分析了针对近视患者的 Visante2000 的 ASS 和 EASS 扫描模式与 IOLMaster700 测量的 ACD 和 CCT 的差异性、一致性和相关性。Visante2000 的 EASS 扫描模式与 IOLMaster700 的 ACD 测量数据一致性相对较差，其余情况下 ACD 和 CCT 的测量数据相关性和一致性整体较好，Visante2000 的 ASS 扫描模式 IOLMaster700 的测量一致性整体优于 EASS 扫描模式。Visante2000 和 IOLMaster700 在临床应用的侧重点不同。Visante2000 作为前节 OCT 设备，主要用于眼前节的断层成像和前节参数的测量，常用于评估角膜形态、房角开放度、虹膜膨隆度和 ICL 大小的计算。而 IOLMaster700 作为光学生物测量仪，主要用于测量眼轴和 ICL 度数的计算。临床使用时应根据应用场景进行选择。本研究未对近视人群按照近视程度分组且只针对近视患者展开了测量，研究结论存在一定的局限性，需要进一步探讨不同疾病、不同疾病程度对测量数据的影响。

（中国人民解放军陆军特色医学中心　魏安海、邹杨成、曹珍珍）

第六章 治疗监护设备

案例 1　基于真实世界数据的血液透析设备临床使用评价体系应用研究

1.1　项目背景

2021 年 1 月 12 日，国家卫生健康委员会颁布《医疗器械临床使用管理办法》，要求二级以上医疗机构应当明确本机构各相关职能部门和各相关科室的医疗器械临床使用管理职责，建立医疗器械临床使用技术评估与论证制度，确保医疗器械满足临床需求。而医疗设备临床使用评价作为一种多维度、多参数的研究，目前并无统一的关于使用评价方法的详细操作指南，这就造成了地方医疗机构相关评价指标混乱，因此，以《医疗器械临床使用管理办法》为基础建立规范化医疗设备使用管理评价体系和评价标准具有重要意义，同时这也是每个医疗机构在深化医疗卫生体制改革浪潮中保持竞争活力的现实挑战。

自 2016 年至今，中华人民共和国科学技术部对肿瘤立体定向放疗设备、医疗磁共振产品、医用 CT 及低剂量 X 线机、正电子发射体层摄影（PET）-CT、内窥镜、医用超声影像设备等开展的应用评价和应用示范研究，取得了较好的示范效果。而血液透析机作为第三类医疗器械，目前在临床使用过程中存在检验标准及技术规范的缺失、血液透析设备检测参数指标标准缺失的情况。随着人口老龄化加剧，由高血压、糖尿病等疾病引发慢性肾脏疾病的患者越来越多，据统计，中国大陆肾病患者超 1.4 亿，实际透析患者总体接近 88 万人，血液透析设备的安全性必须严格保证。《医疗机构血液透析室管理规范》的实施，虽解决了部分管理问题，但未建立相关设备使用评价体系，监管过程仍存在风险，需进一步开展规范研究，制定全面有效的血液透析设备使用评价体系，实现对血液透析设备从购买至报废的全生命周期监管，使所有环节的发起、进行、反馈、改进都得到控制。

1.2 评价目标与内容

1.2.1 项目目标

通过真实世界数据研究方法对血液透析设备进行临床应用评价，以此构建一套有效的血液透析设备评价体系。

1.2.2 项目内容

本研究将依据《医疗器械监督管理条例》(中华人民共和国国务院令第 739 号)及相关医疗器械临床试验质量管理法规，查询临床文献资料、数据、试验等信息，结合血液透析设备产品全生命周期管理重要指标和医院实际情况，对血液透析设备产品的血液透析过程中治疗效果、治疗效果、稳定性、经济学 4 个评价维度进行设计，通过问卷调研、专家讨论等方法，建立具有 12 项指标的多维度血液透析设备临床使用评价模型，为医院采购部门及医疗器械监督管理部门评估血液透析设备临床使用价值提供参考。

1.3 评价方法

研究对象：血液透析设备及其临床应用评价指标体系，其中包括血液透析设备及其临床应用评价维度和各评价维度下的核心指标。

专家纳入标准：①从事医疗设备相关的采购、管理、维护、考核、科研等工作领域，来自卫生行政管理部门、疾病预防控制中心和公立医院的卫生管理者、科研学者和基层工作者；②从事血液透析相关领域工作十年以上；③具有专科及以上学历；④具有初级及以上专业技术职称。选取结果见表 6-1-1。

表 6-1-1 专家基础信息表

职业	职称				学历			
	初级	中级	副高级	正高级	专科	本科	硕士	博士
护士	10	18	5	3	25	8	3	—
医生	9	18	5	9	—	—	29	8
临床工程师	21	20	3	2	15	20	11	—

本次调研主要采取专家打分法，综合专家经验与主观判断，将定性描述定量化，降低评价人数对统计结果的片面倾斜，综合考虑医工专家、临床专家意见，计算综合评价指数，评价原则见图 6-1-1。

样本纳入：本研究为回顾性研究，择取 2015 年 1 月—2023 年 11 月就诊的慢性肾衰竭患者 168 例，同时择取某三甲医院正在使用的两款血液透析设备 A、B，共计 65 台，并将患者按照组间基本特征分为具有可比性的 A 组和 B 组，每组 84 例，见表 6-1-2。

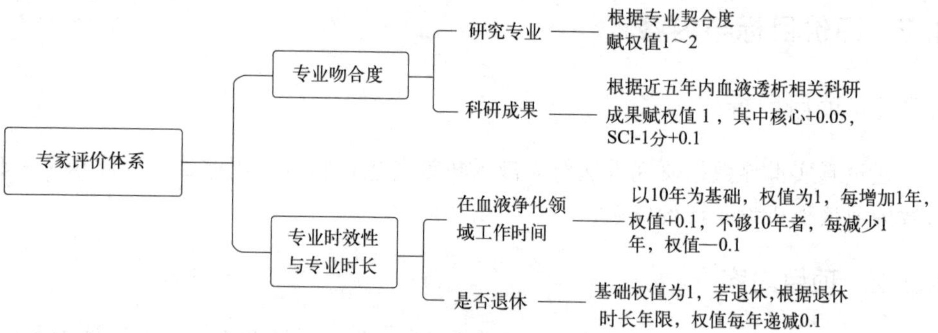

图 6-1-1 专家评价权值认定图

表 6-1-2 样本纳入参照表

组别	例数	年龄/岁	病程/月	平均病程/月	患者纳入	机器纳入
A组	男 44 例 女 40 例	52.47±10.52	2～18	6.77±0.55	①经临床确诊，患者均适合接受血液透析，并持续治疗超过三个月；年龄超过 18 岁，预期存活期不少于六个月；②符合《慢性肾衰竭中西医结合诊疗指南》及《中国血液透析充分性临床实践指南》中诊疗标准；③在纳入研究前一个月内未曾遭遇重大感染事件；④在进入研究前三个月未施用过免疫调节剂	①从投入使用日期起，调取其五年内各项关键指标数据进行评价；②生化检验各项标准在国家规定范围内，且差异无统计学意义
B组	男 45 例 女 39 例	52.87±10.15	3～18	6.80±0.35		

验证数据纳入：数据来源为血液净化中心、设备科、检验科、财务处等信息系统内的患者数据报告，分为 5 类。①基础信息，包括姓名、性别、年龄、病种和治疗机型等；②治疗指标，血液净化中心信息系统记载的超滤率、超滤量等；③检验类数据，检验报告系统中的尿酸、尿素氮、肌酐等；④费用类数据，财务系统内标记的血液透析治疗耗材价格、结算时间、项目名称等；⑤维修类数据，设备管理系统内血液透析设备维修记录、时长、次数等数据。

1.4 研究方法

1.4.1 研究路线

本研究通过文献分析、头脑风暴以及专题小组讨论选定血液透析设备评价维度，随后进行两轮 Delphi 专家咨询，第一轮利用 Delphi 法结合文献分析法拟定临床评价指标，第二轮利用 Delphi 法结合专家打分法选定临床评价的 12 项核心指标，最后采用统计学分析法对在用血液透析设备进行验证评价，具体研究路线见图 6-1-2。

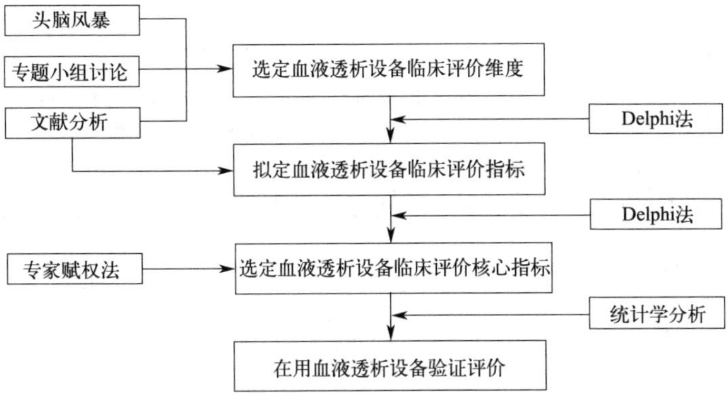

图 6-1-2　研究路线图

1.4.2　确定评价维度

首先通过广泛查阅国内外血液透析设备临床应用、指标体系构建、德尔菲法应用的相关文献并展开调研，采用文献综述等方法整理、分析、归纳和总结相关研究成果、评价方法和评价指标。

随后采用头脑风暴法，选择多名熟悉血液透析设备临床应用情况的专家学者，向其说明相关背景材料及注意事项，让其就建立血液透析设备临床应用评价体系的议题进行发言，在文献分析结果的基础上，丰富血液透析设备临床应用评价体系。

同时，选取肾内科医生、血液透析中心护理人员、血液透析工程师、卫生统计专家和卫生管理专家共 10 名，就血液透析设备临床应用评价体系进行专题小组讨论，删除部分关联性低的维度，并对评价维度进行划分，通过讨论建立多维度的血液透析设备临床应用评价体系框架。在确定评价方向时，进行专家咨询，向专家说明相关背景材料及注意事项，将初步拟定的指标体系框架编制成咨询问卷，根据专家对评价方向的意见和建议，筛选并确定评价维度，得到最终评价维度（见图 6-1-3），共分为血液透析过程中治疗维度、治疗效果维度、稳定性维度、经济学维度，并确定评估群体。

1.4.3　确定评价指标

根据 Delphi 法广泛征询专家意见，多次沟通反馈使专家意见趋向统一，最终完成对评估对象的评判。利用边界值分析法求得重要性、满分率及变异系数的临界值，以此评判指标的重要性和一致性。针对两个及以上超出临界值的指标进行修改、删除，并结合专家建议调整和重构咨询问卷，得出最终结果，见表 6-1-3。

表 6-1-3　血液透析设备临床使用评价指标

评价维度	评价指标
血液透析过程中治疗效果指标	静脉压、动脉压、跨膜压、超滤率、电导率、血流量、透析液流量、肝素泵速度、血液透析充分性

续表

评价维度	评价指标
血液透析治疗效果指标	尿酸、尿氮素、肌酐、二氧化碳、钙、血清铁、溶血蛋白、氯、钾、黄疸指数、脂血指数、钠、总铁结合力、可溶性转铁蛋白受体
血液透析机稳定性指标	钾、钠、氯、钙、镁、无机磷
血液透析机经济学评估指标	购入价格、年维修费用、年维修频次、年开机时长

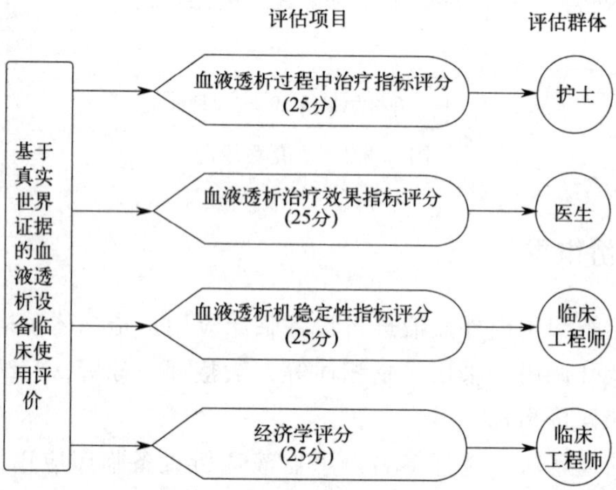

图 6-1-3　评价维度图

开展第二轮专家咨询调研，设计各评价维度问卷，并发放问卷，得到除经济学评价外各维度的关键指标，见表 6-1-4。

表 6-1-4　血液透析设备评价血液透析过程中治疗效果、治疗效果及稳定性评分表

评价维度	评价指标/得分						
血液透析过程中治疗效果指标	静脉压	动脉压	跨膜压	超滤率	电导率	血流量	透析液流量
	7.0	7.0	7.0	10.0	9.0	9.0	8.5
	肝素泵速度	血液透析充分性					
	8.0	1.0					
血液透析治疗效果指标	尿酸	尿素氮	肌酐	二氧化碳	钙	血清铁	溶血蛋白
	5.5	8.0	7.5	6.5	7.0	1.0	2.0
	氯	钾	黄疸指数	脂血指数	钠	总铁结合力	可溶性转铁蛋白受体
	5.0	10.0	1.0	1.0	9.0	2.0	2.0
血液透析机稳定性指标	钾	钠	氯	钙	镁	无机磷	
	10.0	2.0	1.0	9.5	8.0	7.5	

评分结果显示，超滤率、透析液流量、肝素泵速度和血流量指标变化对于血液透析过程中治疗效果的体现最为明显，故选取此四项作为该维度核心指标；尿素氮、肌酐、钾、钠指标变化对于血液透析治疗效果的体现最为明显，故选此四项作为治疗效果核心指标；钾、钙、镁、无机磷指标变化对于血液透析机稳定性的体现最为明显，故选取此

四项作为稳定性核心指标。

1.4.4 统计学分析

应用 SPSS 25.0 统计学软件进行数据分析。计数资料以均数±标准差表示，测算各指标，并验证其显著性水平，以 $p<0.05$ 为差异具有统计学意义。

1.5 评价结果

1.5.1 实践分析

本次调研结合定性和定量因素，运用描述性统计分析和层次决策等方法，对血液透析过程中治疗效果、稳定性及经济学指标进行评分，最终整合形成血液透析设备临床应用评价报告。

1.5.2 血液透析过程中治疗效果评价

通过向操作护士发放问卷，由专科护士填写 A、B 两种机型的重要指标评分，收集整理后并进行统计学分析。然后将数据最大值与最小值之间的区间平均划分为 10 份，差值在同一区间里的指标赋相同的分，差值最大区间赋 7.5 分，差值最小区间赋 1 分，总分为 25 分，权值评分见表 6-1-5、表 6-1-6，机型 A 评分（14.38）低于机型 B（14.76）。

表 6-1-5　血液透析过程中治疗效果指标评分方差、统计学参数表

组别	超滤率	透析液流量	血流量	电导率
机型 A	8.15±0.33	8.22±0.32	8.63±0.86	8.05±1.56
机型 B	8.16±0.26	8.22±0.29	8.27±0.98	8.03±1.13
t 值	−0.14	−0.01	1.6	0.45
p 值	0.09	0.48	0.86	0.07

表 6-1-6　血液透析过程中治疗效果指标得分表

组别	超滤率	透析液流量	血流量	电导率	总得分
机型 A	3.43	3.39	4.08	3.48	14.38
机型 B	3.30	3.26	4.30	3.91	14.76

1.5.3 治疗效果评价

提取所有患者的基础数据及 4 项关键治疗指标治疗前、后的数据并进行统计学分析。先计算出各指标治疗前与治疗后的差值，将最大、最小差值区间等分为 10 份，各区间内赋相同分值，最大区间赋 7.5 分，最小区间赋 1 分，以此计算评价维度指标总分，如表 6-1-7、表 6-1-8 所示，机型 A、B 总得分分别为 13.85、13.39。

表 6-1-7 治疗效果指标评分方差、统计学参数表

组别	例数	肌酐/(μmol/L)		尿素氮/(μmol/L)		钾/(μmol/L)		钠/(μmol/L)	
		治疗前	治疗后	治疗前	治疗后	治疗前	治疗后	治疗前	治疗后
机型 A	84	721.16±5.21	275.34±6.02	20.55±2.70	7.67±0.44	6.25±1.20	3.56±0.34	168.18±2.20	145.26±2.26
机型 B	84	723.76±6.29	276.22±5.83	20.69±2.55	7.82±0.81	6.30±1.04	3.53±0.32	167.57±2.60	145.39±2.47
t 值	—	2.9	0.96	−0.34	−1.52	−3.1	0.64	1.64	−0.35
p 值	—	0.15	0.99	0.82	0.017	0.28	0.37	0.44	0.29

表 6-1-8 治疗效果指标得分表

组别	肌酐	尿素氮	钾	钠	总得分
机型 A	3.74	3.78	3.15	3.18	13.85
机型 B	3.41	3.73	3.09	3.16	13.39

1.5.4 稳定性评分

透析液离子浓度的精确性是保证透析充分的必要条件。为严格控制透析液的离子浓度，本研究依据国家强制性行业标准《血液透析及相关治疗用浓缩物》（YY 0598—2015）中规定的检测方法，利用透析器半透膜可使特定中分子物质透过的特性，在血液透析开始后不同阶段采集超滤液，并通过离子色谱法测定 4 项关键治疗指标值。将数据最大值与最小值之间的区域平均划分为 10 份，同一区间内赋相同分值，最大区间赋 7.5 分，最小区间赋 1 分，得到稳定性指标评分，如表 6-1-9、表 6-1-10 所示，机型 A、B 总得分分别为 13.73、14.70。

表 6-1-9 稳定性指标评分方差、统计学指数表

组别	钾/(mmol/L)	钠/(mmol/L)	钙/(mmol/L)	镁/(mmol/L)
标准值	3.50～5.10	137～145	2.10～2.55	0.64～1.04
机型 A	3.85±1.32	139.52±4.52	2.31±0.26	0.79±0.38
机型 B	3.74±0.98	140.68±3.22	2.25±0.11	0.81±0.26
t 值	0.35	1.09	1.23	1.21
p 值	0.11	0.12	0.001	0.003

表 6-1-10 稳定性指标得分表

检测内容	机型 A		机型 B	
	稳定性得分	合格率/%	稳定性得分	合格率/%
钾	3.65	81.00	3.69	95.00
钠	3.66	91.00	3.44	91.00
钙	2.98	79.00	3.48	100.00
镁	3.43	74.00	4.09	90.00
总得分	13.73	—	14.70	—

1.5.5 卫生经济学评价

由于该院患者在使用不同血液透析设备治疗时基础治疗费相同，而设备配套耗材（静脉导管套件、管路套件、滤过器/透析器等）费与设备原值不同，故结合治疗指标，

总结年收入-原值比、基础指标-设备原值比，为医院收入、临床治疗、设备耗材采购及患者治疗效率提供参考。

统计机型 A、B 在 2018—2022 年全年单台设备的平均收入，提取该组数据最大值与最小值，并将二者之间的区域划分为十个区间，最大区间赋 25 分，最小区间赋 1 分，获得机型 A、B 经济学评分，见表 6-1-11、表 6-1-12，机型 A、B 经济学得分分别为 22、12，机型 A 经济学得分更高。

表 6-1-11　经济学指标历年评分表

组别	2018 年	2019 年	2020 年	2021 年	2022 年
机型 A	30.4	31.0	30.6	30.2	30.8
机型 B	30.2	30.5	29.2	28.6	29.6

表 6-1-12　经济学指标得分表

组别	2018 年	2019 年	2020 年	2021 年	2022 年	平均得分
机型 A	20	25	22.5	17.5	25	22
机型 B	17.5	20	7.5	2.5	12.5	12

（1）年收入-原值比

统计各机型单台平均年收入与单机原值（机型 A 为 14 万元、机型 B 为 14.9 万元）的比值，得到的比值代表单位金额下产生的收入效果，比值越大，收入效果越好，见表 6-1-13，机型 A 年收入-原值比（2.04）高于机型 B（1.97）。

表 6-1-13　年收入-原值比

组别	2018 年	2019 年	2020 年	2021 年	2022 年	年均比值
机型 A	2.02	2.04	2.01	2.06	2.05	2.04
机型 B	2.01	2.03	1.95	1.90	1.97	1.97

（2）基础指标-原值比

调查机型 A、B 的原值，结合四个评价维度，对比维度得分与设备原值的比值，比值结果显示了单位原值金额下的维度评价，数值越大，则评价越好，见表 6-1-14、表 6-1-15、表 6-1-16。机型 A 的血液透析过程中治疗效果指标-原值比（1.48）高于机型 B（1.40）。

表 6-1-14　血液透析过程中治疗效果指标-原值比

组别	设备原值	血液透析过程中治疗效果评分	比值
机型 A	14.00	20.75	1.48
机型 B	14.90	20.90	1.40

机型 A 的治疗指标-原值比（0.99）高于机型 B（0.90）。

表 6-1-15　治疗效果指标-原值比

组别	设备原值	治疗效果指标评分	比值
机型 A	14.00	13.85	0.99
机型 B	14.90	13.39	0.90

机型 A 的稳定性指标-原值比（1.66）高于机型 B(1.16)。

表 6-1-16　稳定性指标-原值比

组别	设备原值	稳定性指标评分	比值
机型 A	14.00	23.27	1.66
机型 B	14.90	17.25	1.16

(3) 总评价：评分-原值比

统计 A、B 血液透析机各维度得分，累加后除以该品牌单机购置成本得到评分-原值比得分。通过比较 2 组机型的评分-原值比，讨论 2 组机型卫生经济学价值，见表 6-1-17、表 6-1-18、图 6-1-4。

表 6-1-17　四项维度得分汇总

组别	血液透析过程中治疗效果	治疗效果	稳定性	经济性	总得分
机型 A	20.75	13.85	23.27	20.60	78.47
机型 B	20.90	13.39	17.25	12.29	63.83

机型 A 的评分-原值比（5.61）高于机型 B(4.28)。

表 6-1-18　评分-原值比

组别	总评分	评分-原值比
机型 A	78.47	5.61
机型 B	63.83	4.28

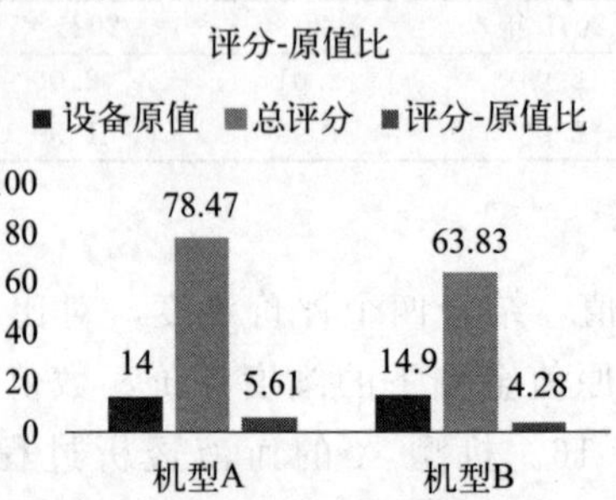

图 6-1-4　评分-原值比

1.5.6 不良事件验证

医疗器械不良事件通常是设备设计缺陷或者管理不善导致的，包括检查设备不全面、故障未确认、操作不当等使用问题，同时也包括不良事件相关并发症，故不良事件上报量能够侧面反映该设备应用合理性及可靠性。本研究收集了 2018—2022 年该三甲医院不良事件发生率，见表 6-1-19，机型 A 比机型 B 的不良事件发生率低，符合本研究结果。

表 6-1-19 不良事件统计表

组别	伤害程度	
	严重伤害	其他
机型 A	2	21
机型 B	5	67

1.6 讨论与展望

1.6.1 讨论

近年来，医疗器械设备临床使用评价一直备受关注。我国于 2021 年实施的《医疗器械监督管理条例》中指出，要完善医疗器械创新体系，支持医疗器械的基础研究和应用研究，因此，建立医疗器械评价体系既响应国家号召，又满足患者对高质量医疗器械的需求。此外，《医疗器械监督管理条例》明确指出，第三类医疗器械具有较高风险，需要采取特殊措施严格控制管理以保证其安全、有效，而血液透析设备属于第三类医疗器械，是维系透析患者生命健康的重要器具，故建立完善的血液透析设备临床应用评价体系尤为重要。

真实世界证据（RWE）是通过分析真实世界数据（RWD）获得的关于医疗产品优势与劣势的临床证据；真实世界研究则是基于 RWD 开展的相关研究。本研究采用了真实世界研究法，目前该法引起了国内外众多机构的关注和重视。2018 年底，美国食品药品监督管理局发布《真实世界证据计划框架》，并建议使用 RWE 来指导数据生成，以支持新适应证的批准或帮助满足批准后的研究要求。我国国家药品监督管理局为探索利用真实世界数据进行医疗器械安全检测评价与监管的新方法，于 2020—2021 年陆续发布《真实世界数据用于医疗器械临床评价技术指导原则（试行）》《用于产生真实世界证据的真实世界数据指导原则（试行）》等多项指导原则。相较于传统的临床试验研究方法，该方法所使用的研究数据来源于某三甲医院多个部门，具有更高的代表性和广泛性；而 RWD 具有经济性和高效性的优势，无需额外投入，能够有效规避严格的试验设计和启动等流程；其研究结果与临床使用中的疗效与表现具有一致性，能够为医生、决策者和制造商提供具体、实用的信息，从而更准确地评估血液透析设备的安全性和效用。但其劣势同样明显，RWD 来源于单一机构，具有局限性，获得的研究结果需要进一步验证，普适性及应用性较低。

构建科学、合理的血液透析设备临床应用评价体系，需要根据其可靠性、实用性、经济效益等多个维度为其赋予相应的权重，因此，为准确反映评估对象的综合性能，众多学者开展了相关研究，其中有研究采取客观赋权法对多属性社交网络节点进行研究，其基于指标数据定量计算出权重系数，但仅依靠数据容易同等化指标重要性。也有学者在正交试验优选治痤方水提工艺研究中采用了信息熵赋权法，该方法对各指标的赋权灵活性较差，容易造成主要成分权重系数较低或非主要成分权重系数较高，无法准确反映指标的重要程度。本研究采用专家打分法，通过量化分析专家自身状况和能力，确定权重大小，并赋予相应权值，在权重结果的基础上计算指标得分，作为确定优先级和关键指标的依据。该方法可使专家根据实际问题，较为合理地确定各指标的排序，从而在一定程度上有效地区分各指标的重要程度，并在综合评价中发挥重要作用。然而，专家打分法的显著不足在于主观性较强，选取的专家不同，得出的权重系数也不同，在某些特定情况下，得到的权重结果可能与实际情况存在差异。因此，本团队在未来研究中将深化层次分析法、熵权法等权重确定策略，提升评估的准确性和可靠性。

评价指标反映着评价主体内部组织的协调过程，因此选定的指标应当与研究目的存在本质关联，不仅能够确切展示评价对象，而且具有客观性强、普适性高、易于表达的特点。针对医疗器械评价体系指标遴选领域，众多学者开展了研究。一项研究在评价婴儿培养箱时，选择“24h 最低体温”“24h 最高体温”“平均体温”和“体温波动度”4 个关键指标作为评价依据，其只涉及临床效用研究，未考虑经济效益，具有片面性；在另一项研究中，从经济学角度及临床效用进行了临床综合度量，但对于设备稳定性、可靠性等影响因素尚未完善评价指标；而也有学者在止血材料使用评价研究中侧重于经济学评价，仅选择住院费用、抗菌药物费用等指标，未考虑患者的止血成功率、二次手术率等，评价维度不够全面。本研究构建的血液透析设备临床应用评价体系，涵盖了四个评价维度，建立了包含 12 项代表性指标的多维度参数模型以全面评估血液透析设备使用情况，综合度量临床效果与经济学两方面。但部分指标数据获取困难，如血液透析过程中治疗效果评分主要依赖护士主观评价，缺乏客观性和准确性。

本研究对血液透析设备四个维度进行综合评价，展现了真实临床环境下血液透析设备使用效果与经济效益。研究结果显示，机型 A 血液透析过程中治疗效果与设备稳定性与机型 B 相差无几，但机型 A 在治疗效果和经济学维度评分均优于机型 B。最终计算得出单位成本下的治疗效果优于机型 B。该结论与实际该医院血液透析设备不良事件发生率结果相符，该结论可为血液透析设备临床应用评价提供参考。

1.6.2 结论与展望

本研究采用 Delphi 法、层次分析法等方法，通过一致性检验所形成的血液透析设备评价指标体系，可合理评估血液透析设备在长期使用中的成本效益，研究结果可以为制定血液透析的最佳实践指南提供依据，帮助医护人员更好地使用血液透析设备，提高血液透析治疗的安全性和可靠性。由于本研究纳入对比的血液透析设备品牌较少，因此在未来，本团队将基于本研究建立的评价体系开展国产与进口、多品牌之间血液透析设备的临床应用评价，以期形成量化的、科学的评价报告，提供更多的关于血液透析设备功能性能等方面的改进提升建议。

此外，本研究期望通过所建立的血液透析设备评价指标体系，实现各医疗单位之间关于血液透析机评价结果的互通互联，提升各医疗单位血液透析设备精细化管理水平，实现出厂、使用、维保、追踪“四位一体”的管理模式，减少血液透析设备造成的医疗相关问题。同时，在未来，本研究组将基于本研究的研究思路高度集成一系列医疗设备项目临床应用评价体系，使各类医疗设备临床应用评价体系间既相对独立又高度统一。

（苏北人民医院　成定胜、仲辉、李真）

案例 2 基于真实世界数据的胎儿监护仪的多中心使用质量评价

2.1 项目背景

出生缺陷是许多国家婴儿死亡、患慢性疾病和残疾的主要原因。2010 年，世界卫生大会决议鼓励成员国高度重视先天性异常儿童的预防和健康。我国出生缺陷导致的婴儿死亡率较 5 年前降低 30%以上，神经管缺陷、唐氏综合征等严重致残出生缺陷疾病发生率降低约 23%，这得益于全国较高的孕前检查率（96.9%）和孕期产前筛查率（91.3%）。胎儿监护作为孕妇在妊娠晚期（尤其是近足月）及产时监测的重要手段，在保障母婴安全方面发挥着关键作用。胎儿监护仪也叫胎心监护仪，采用电子胎儿监护（electronic fetal monitoring，EFM），通过连续监测胎心率及宫缩的变化，识别胎儿状况的变化，进而对胎儿宫内状态进行评估和监测。此外，胎儿监护提供的信息可以与孕妇和胎儿的整体临床情况相结合以指导临床决策，通过监测和管理宫缩频率还能够降低分娩过程中胎儿缺氧的风险，从而减少缺氧的发生。在分娩的第二阶段，特别是当出现胎儿窘迫迹象或存在感染等风险因素时，准确区分母亲和胎儿的心率至关重要，持续监护可以避免心率混淆可能导致的不准确的评估和处理。

目前，全球胎儿监护系统市场正显著增长，主要驱动因素包括医疗技术的进步和人口老龄化的加剧。目前全球胎儿监护系统市场占有率前三的厂家分别为国际企业荷兰 Philips 公司、美国 GE 公司及国内企业深圳理邦仪器，前者在性能、稳定性、安全性和易用性方面具有显著优势，后者通过优质的产品性能、服务和成本优势逐渐赢得市场认可。电子胎儿监护仪是最常用的无创性监护手段之一，其操作方便，可间接提示胎儿中枢神经系统的状态，通过无应激试验（NST）、催产素激惹试验（OCT）及胎心宫缩监护（CTG）评估胎儿宫内情况，已取得一定的临床效果。有研究表明，针对胎儿监护心电图信号波形的分析处理方法方面，通过多学科合作正形成新研究策略和举措。然而，由于胎儿监护仪使用环境的复杂性和个体差异性，在检查数据的准确性、监测结果的及时性及临床医生对监测数据的解读和判断等方面存在一定的问题。本研究旨在对真实世界条件下胎儿监护仪进行多中心使用评价，为胎儿监护仪的使用效果和安全性提供全面客观的评估，并提供真实世界研究的证据依据，为胎儿监护仪的改进和优化提供参考。

2.2　评价目标与内容

2.2.1　项目目标

基于真实世界研究的方法，采用观察性研究设计对胎儿监护仪的多中心使用质量进行研究，进而为胎儿监护仪的使用效果和安全性提供全面客观的评估。

2.2.2　项目内容

本研究采用真实世界研究的方法，采集真实世界数据对胎儿监护仪的多中心使用进行研究。按照循证医学的 PICO 原则对研究内容进行分解。研究关注的是在真实世界条件下内蒙古地区内蒙古自治区人民医院、内蒙古妇幼保健院、科尔沁区第一人民医院、鄂尔多斯市中心医院的胎儿监护仪质量检测数据的对比分析，探究其能否满足临床检查的需求，同时最大限度降低设备的购置及维护成本。

2.3　评价方法

2.3.1　临床资料

采集 2023 年 11 月 1 日至 2024 年 10 月 1 日在内蒙古地区四家三级医院数据库中登记的胎儿监护仪的品牌名称、型号规格、设备编号相关数据，通过开展质量检测记录相应胎儿监护仪的胎心率测量、宫缩压力测量检测数据。被测胎儿监护仪共 208 台，分别是进口品牌博特（型号 BT-350）94 台、进口品牌飞利浦（型号 FM20、CTG、ctcg）27 台、国产品牌科曼（型号 C21）25 台、国产品牌宝莱特（型号 bltF90、bltF30）2 台、国产品牌金科威（型号 UT300A）4 台、国产品牌理邦（型号 F3、FTS-6）39 台、国产品牌三瑞（型号 SRF618B5）17 台。所有被测胎儿监护仪外观完好，均在临床正常使用。本次检测的设备使用年限为 1 至 11 年（平均使用年限为 5 至 6 年），设备具体使用年限分布情况见表 6-2-1。经统计，所有设备均开展过预防性维护，其中 90%的设备在检测前最近 6 个月内完成了常规维护、外观检验和基本功能检验。所有维护均符合相关技术标准要求。设备胎心探头和宫缩探头功能正常。

表 6-2-1　胎儿监护仪使用年限分布情况表

进口\国产	品牌	型号	数量/台	入库日期/年	使用年限/年
进口	博特	BT-350	92	2019	4
			2	2013	10

续表

进口\国产	品牌	型号	数量/台	入库日期/年	使用年限/年
进口	飞利浦	FM20	16	2013	10
			2	2012	11
			4	2020	3
		CTG7	3	2013	10
			1	2016	7
国产	科曼	ctcg	1	2016	7
		C21	25	2019	4
	宝莱特	bltF90	1	2019	4
		bltF30	1	2020	3
	金科威	UT300A	4	2014	9
	理邦	F3	11	2018	5
			5	2019	4
			6	2020	3
			1	2023	1
		FTS-6	16	2020	3
	三瑞	SRF618B5	6	2022	1
			11	2023	1

测量用主要仪器为胎心模拟仪（美国福禄克，型号：PS320 胎心模拟器，配套 MFH-1 机械胎心探头和 PS320 胎儿监护套件）和标准砝码（蓬莱市水玲砝码厂，规格：1 mg 至 500 g，最大允许误差：±0.1 g）。

2.3.2 方法

基于真实世界研究的方法，采用前瞻性研究设计，按照循证医学的 PICO 原则对研究内容进行分解，本研究的研究对象（P）为胎心探头和宫缩探头质量检测数据，干预（I）为国产胎儿监护仪，对照（C）为进口胎儿监护仪，结局（O）为胎心探头和宫缩探头质量检测合格率。研究关注的是对真实世界证据条件下四家医院的胎儿监护仪质量检测数据进行对比分析后，判断其能否满足临床检查的需求，同时最大限度降低设备的购置及维护成本。

以《超声多普勒胎儿监护仪》（YY/T 0449—2018）为基础，仪器选用福禄克的胎心模拟仪和砝码，胎心率检测使用福禄克 PS320 胎心模拟器模拟胎心跳动，根据显示器检测模拟心跳次数，测量频率分别为 65 次/min、90 次/min、120 次/min、140 次/min、150 次/min、160 次/min、180 次/min、210 次/min。宫缩压力检测使用标准砝码，对仪器进行初始化校零后在宫缩压力传感器上再添加质量为 m_m 的砝码，使仪器显示达到最大量程（即 100 单位），将 m_m 四等分，得到 $m_1=m_m/4$、$m_2=m_m/2$、$m_3=3m_m/4$，计算理论值 Y_{T_i} $(i=1,2,3)$，见式(6-1)。依次对传感器施加质量为 m_1、m_2、m_3 的砝码或重物，得到仪器上的读数 Y_i $(i=1,2,3)$，各重复测试 3 次，得到平均值 Y_{A_i}，计算非线性误差，见式(6-2)。

$$Y_{T_i} = 100m_i \div m_m \tag{6-1}$$

$$非线性误差 = [(Y_{T_i} - Y_{A_i}) \div 100] \times 100\% \tag{6-2}$$

式中，Y_{T_i} 为理论值；m_m 为砝码质量；Y_{A_i} 为平均值，非线性误差越小表示宫缩压力测量检测结果越好。

确定评价指标，采用标准化流程，对进口及国产的胎儿监护仪质量检测结果进行记录，质量评价记录结局指标包括胎心率测量指标和宫缩压力测量指标。胎心率测量和显示范围不应窄于 65～210 次/min；胎心率测量误差不应大于±2 次/min；宫缩压力测量范围覆盖 0～100 单位；宫缩压力测量非线性误差不应大于±10%。

2.3.3 统计方法

数据采用 SPSS 27.0 软件及风暴统计平台进行统计分析。采用 2 组率比较的卡方检验对分类变量进行描述。采用等级资料比较的秩和检验对等级变量进行统计描述。

2.4 评价结果

2.4.1 两组设备使用质量指标比较

2023 年 11 月 1 日至 2024 年 10 月 1 日共计检测胎儿监护仪 208 台。对胎心率测量指标及宫缩压力测量指标合格率数据进行分析。胎心率测量最大误差为 1 的设备有 208 台。对照组合格率为 100%，干预组合格率为 100%。两组差异无统计学意义（差值 0，$p=1$），结果见表 6-2-2。宫缩压力测量非线性误差大于±10%的设备有 26 台。对照组合格率为 89.26%，干预组合格率为 85.06%，两组差异无统计学意义（差值为 4.20%，差值的 95%CI 为 0.05～0.13，$p=0.36$），结果见表 6-2-3。

表 6-2-2　胎心率测量指标结果

分组	合计（$n=208$）	0=合格[n(%)]	1=不合格[n(%)]	差值[95%置信区间]/%	卡方检验	
					χ^2 值	p
对照组	121	121(100%)	0(0%)	0	0	1
干预组	87	87(100%)	0 (0%)	[—*]		

* 置信区间通常用来表示样本数据的变动范围或不确定性。如果数据的合格率确实是 100%，没有不合格的样本，那么无法计算出置信区间，因为置信区间需要根据样本波动来进行估算。

表 6-2-3　宫缩压力非线性测量指标结果

分组	合计（$n=208$）	0=合格[n(%)]	1=不合格[n(%)]	差值[95%置信区间]/%	卡方检验	
					χ^2 值	p
对照组	121	108 (89.26)	13 (10.74)	4.20	0.84	0.36
干预组	87	74(85.06)	13 (14.94)	[—0.05～0.13]		

2.4.2 非线性误差率分布

宫缩压力测量非线性误差大于±10%的设备有27台。非线性误差率分布见表6-2-4。27台非线性误差超标的设备误差率分布情况各异，反映出不同设备在测量准确性上的离散性。

表6-2-4 非线性误差率分布表

品牌	品牌型号	非线性误差率	非线性误差率	非线性误差率
博特	BT-350	−10.39%	−14.04%	−9.83%
		3.09%	−37.64%	−5.34%
		−12.64%	−7.30%	−1.97%
		0.84%	−2.81%	−13.20%
		−12.64%	−5.06%	0.28%
		−4.78%	−8.43%	−14.33%
		12.08%	5.06%	19.38%
		−11.52%	−6.18%	−6.46%
		−5.90%	−10.67%	−3.09%
		−10.23%	−9.09%	−9.09%
飞利浦	CTG7	−25.00%	−40.53%	−6.58%
		−25.00%	−8.75%	12.50%
		−25.00%	−48.75%	−26.25%
理邦	FTS-6	−5.90%	−10.67%	−3.09%
		11.05%	8.14%	0.58%
		12.78%	13.33%	2.78%
		−10.56%	−14.44%	2.78%
		12.78%	13.33%	2.78%
		14.08%	6.32%	4.31%
	F3	15.00%	17.78%	5.00%
		−10.56%	−14.44%	2.78%
		−5.00%	−11.11%	−18.33%
金科威	UT300A	−25.00%	−50.00%	−32.65%
		−25.00%	−38.75%	25.00%
		−25.00%	−32.22%	−13.89%
		−25.00%	−50.00%	−42.06%

2.4.3 不同品牌胎儿监护仪相关数据分析

本研究对宫缩压力测量范围未覆盖0～100单位的设备进行了分析，结果显示共有170台设备未覆盖该范围。结果显示，6种品牌的设备在宫缩压力测量范围未覆盖单位程度方面差异有统计学意义（$p<0.05$），具体见表6-2-5。

表6-2-5 不同品牌胎儿监护仪宫缩压力范围未覆盖单位秩和检验结果

型号分组	宫缩压力[中位数(P25,P75)]	秩和检验	
		H值	p值
国产A	0(0,0)	139.913	0.000
进口A	10(10,10)		
进口B	20(20,20)		
国产B	15(10,20)		
国产C	10(9,10)		
国产D	0(0,5)		

2.5 讨论与展望

胎心率及宫缩压力是目前胎儿监护的重要生理指标。通过标准化的质量检测流程，对四家医院使用的胎儿监护仪进行了评估。分析结果显示，国产与进口胎儿监护仪在胎心率和宫缩压力的质量检测上并无显著的统计学差异。这与部分已发表的研究结论具有相似性。

在宫缩压力测量范围的覆盖度方面，不同品牌的设备表现出了统计学上的显著差异，这可能与设备间存在的设计或校准差异有关。胎儿监护仪宫缩压力的检测范围通常设定为 0～100 单位，这个范围是基于孕妇宫缩时宫腔压力的正常变化情况而设定的。对于大部分设备宫缩压力检测范围未覆盖 0～100 单位，究其原因，可能是由于部分设备基线数据设置为 5～20 单位，而在没有宫缩的情况下，宫腔内的基础压力通常较低，大约为 20mmHg，即大约为胎心监护仪宫缩压力基线的 0 单位。随着孕妇进入分娩阶段，宫缩压力会逐渐升高，但宫缩压力的持续高值并不是宫缩的常态，而是在宫缩发生时短暂上升，之后又会下降。因此，胎儿监护仪的宫缩压力检测范围应可覆盖孕妇在分娩过程中可能遇到的宫缩压力变化。此外，胎儿监护仪的宫缩压力探头具备一定的技术参数，例如测量范围为 0～100 单位，增益调节可以是 50%、100%、200%三档，宫缩压力基线可选 0、5、10、20 单位 。这表明胎儿监护仪能够根据孕妇的具体情况调整参数，以准确捕捉宫缩时的压力变化。

所有设备在非线性误差率方面未显示出显著差异，但这并不意味着各型号设备的性能完全一致，这仍有待于在实际应用中进行对比分析。非线性误差的重要性在于其对提高胎儿监护仪测量准确性的贡献，以及对降低临床决策误差风险的影响。通过有效的校准方法，可以确保胎儿监护仪在不同压力水平下都能提供准确的测量结果，从而更好地监测胎儿的健康状况。

质量检测不合格率集中在宫缩探头的非线性误差率上，对比分析显示，干预组（国产胎儿监护仪）的合格率为 85%，而对照组（进口胎儿监护仪）的合格率为 89%，两组合格率均较低，可能的原因如下。①探头设计与技术限制：宫缩压力探头的性能与设计直接影响检测结果的准确性。国产胎儿监护仪的探头多采用性价比更高的设计方案，可能在非线性校准的复杂度或传感器的灵敏度上略逊于进口设备。进口胎儿监护仪虽然设计更复杂，但其探头可能因长期使用或未按时维护导致灵敏度下降，从而影响准确性。②设备的老化与使用年限：本次研究中，部分设备使用年限较长（最长达 11 年），探头作为关键耗材，随着使用时间的增加，内部传感器可能出现磨损、老化或性能衰退的问题。例如，压敏材料的老化可能导致探头在压力感应范围内的线性响应能力下降。此外，进口设备因零部件维护成本较高，部分医院可能延迟更换探头或选择非原厂配件，这可能进一步影响性能。③预防性维护执行不充分：尽管所有设备均开展过预防性维护，但在实际操作中，国产设备和进口设备的维护标准和执行频率可能存在差异。特别是进口设备，其维护依赖于厂商的服务支持和专业技术团队，而国产设备的维护可能更具灵活性。维护不足或不当可能导致探头校准数据偏移，进而导致宫缩压力检测的误差增大。④宫缩压力传感器的技术差异：国产设备与进口设备在宫缩压力传感器的技术选型上存在差异。进口设备通常采用更先进的压电式传感器，而国产设备则更多依赖于电阻式或电容式传感器。虽然这两类传感器在理论上均可满足检测需求，但前者对微弱信号的捕捉能力更强，而后者在复杂环境下的稳定性可能略显不足。⑤使用环境的复杂性：胎儿监护仪在临床中的使用环境复杂多样，湿度、温度、光照和振动等外部条件可能对设备性能造成干扰。例如，在高湿度或温差较大的条件下，探头的压敏材料可能发生微观形变，导致测量精度下降。

针对宫缩探头故障可以制定针对探头的预防性维护方案，采用每次维修或每隔6个月的时间对其进行一次彻底的检查，是否需要更换视情况而定，而无需每次点检时都去检查。建议医院加强对胎儿监护仪质量控制的重视，通过定期培训和考核，提升医护人员对胎儿监护仪操作的熟练度和准确性，从而确保母婴安全。本研究对胎儿监护仪质量检测数据进行了统计学处理，为胎儿监护仪的质量控制提供了实证依据，提出了对阳性数据进行处理的具体方法，为日后进一步的可靠性研究奠定了基础。

（内蒙古自治区人民医院　贺丹、张虹）

第三部分
数字医疗技术类研究

第七章　人工智能与软件

第七章 人工智能与软件

案例 1　基于真实世界数据的基于冠状动脉 CT 血管造影的冠状动脉血流储备分数测量（CT-FFR）技术对冠心病患者临床应用评价

冠心病（coronary heart disease，CHD）是临床常见疾病，发病率逐年上升并有年轻化的趋势。对冠心病患者的早期正确诊断和及时干预对减少患者心血管事件的发生具有重要意义。无创冠状动脉 CT 血管成像（coronary artery computed tomography angiography，CCTA）是现阶段临床诊断冠心病的重要影像学方法，其因无创、可门诊检查、快速、经济等特点，普遍受到患者的欢迎。CCTA 可以从形态学上评估冠状动脉狭窄部位和狭窄程度，但并不能从功能学角度评估冠状动脉狭窄所致的血流动力学改变，并且越来越多的研究证实，CCTA 提示的冠状动脉（冠脉）狭窄并不一定引起心肌缺血。基于导管介入术的冠状动脉造影（coronary angiography，CAG）是目前临床常用的判断心肌缺血的检查手段。CAG 不仅可以从形态学上评估冠状动脉狭窄部位和狭窄程度，而且可以根据造影下的冠脉 TIMI 血流分级、血流储备分数（fractional flow reserve，FFR）等指标，评估冠状动脉病变区域心肌缺血情况。CAG 虽然诊断价值高，但是属于有创检查，需在血管造影设备下进行，患者和医生在放射线下暴露的时间长，都会接受到一定剂量的辐射，并且 FFR 值的测定需要在造影时应用腺苷等扩血管药物使冠脉充分充盈并应用特定的导丝进行压力测定，具有一定的创伤性，使用的导丝价格昂贵，增加了医疗成本和患者负担。

近年来，一种无创、经济的检查手段，即基于 CCTA 的冠状动脉血流储备分数测量（CT-FFR）技术研究上市，用以评估冠脉狭窄段对应心肌的血供情况。这种技术既有 CCTA 的无创性、快速、经济等特点，又在 CCTA 的基础上增加了血流动力学指标。目前已有多项大规模、多中心试验证实 CT-FFR 技术具有较高的诊断效能。随着计算机技术和人工智能的飞速发展，我国自主研发的 CT-FFR 软件也已上市，开始进入临床运用阶段。

1.1 评价目标与内容

1.1.1 项目目标

本研究旨在运用真实世界数据，依托国产 CT-FFR 软件（北京数坤科技有限公司），采用回顾性分析方法，对就诊于内蒙古自治区人民医院的冠心病患者的心肌缺血的诊断效能和诊疗决策预判效能进行研究，以对 CT-FFR 软件的临床运用优势进行更深入的了解。

1.1.2 项目内容

本研究拟采集就诊于内蒙古自治区人民医院的冠心病患者的数据进行回顾性研究。按照 PICO 原则，研究对象（P）：为同时接受过 CCTA 与 CAG 的冠心病患者；干预（Ⅰ）：将患者 CCTA 原始数据通过 CT-FFR 软件计算 CT-FFR 值结果；对照（C）：①CCTA 诊断报告结果，②CAG 术中评价结果（作为本试验的金标准）；结局（O）：①诊断效能，②诊疗决策预判效能。

1.2 评价方法

1.2.1 研究对象

2022 年至 2023 年期间就诊于内蒙古自治区人民医院、临床初步诊断为冠心病并在院接受 CCTA 及 CAG 检查的冠心病患者。

纳入标准：①年龄 18～85 周岁；②按照中华医学会放射学分会心胸学组公布的成像技术应用指南要求规范化完成 CCTA 检查；③进行 CCTA 后 1 个月内完成冠状动脉造影（CAG）检查。

排除标准：①怀疑急性冠脉综合征的患者；②冠脉存在先天畸形、动脉瘤、夹层等；③冠脉旁路移植术（CABG）后的患者；④冠脉完全闭塞；⑤图像质量差或冠状动脉扫描范围不完整。

1.2.2 实验仪器设备

CT 扫描仪器：德国 SIEMENS 炫速双源 CT（SOMATOM Definition Flash）；

CAG 扫描仪器：飞利浦 FD20 数字减影血管造影机；

AI 软件：北京数坤科技有限公司 Ceronary Doc（版本为 18.5.62.11）。

1.2.3 检查方法

（1）CCTA 扫描方法

扫描范围自气管隆嵴下 2cm 至心脏的膈面下，观察患者心率及节律，心率≤60 次/min 且律齐时使用 Flash 扫描，律不齐或心率＞60 次/min 时使用前瞻性轴扫心电门控，设定触发阈值为 100Hu。扫描参数：管电压 120kV，自动管电流，螺距为 0.985，层厚和间隔均为 5mm，重建层厚为 0.75mm。原始数据上传至医学影像信息处理系统（picture archiving and communication system，PACS）系统。

（2）CAG 检查方法

术前完善手术相关检查，确认患者无手术禁忌证。选择 5F TIG 导管，插管途径为右侧桡动脉，造影剂为碘海醇（350mg I/mL）。患者取仰卧位，于桡动脉搏动明显处穿刺后插入动脉鞘建立通路。导管头段到达冠状动脉开口处开始造影，手动推入造影剂。多体位投照观察患者冠脉狭窄程度及 TIMI 血流分级，并留取图像，左冠状动脉造影包括正头位、左肩位、蜘蛛位、正足位、肝位、右肩位，右冠状动脉造影包括左前斜位、头位。

1.2.4 干预与对照

干预：将入组患者 CCTA 原始数据上传至 CT-FFR 软件计算 CT-FFR 值。

实验组：CT-FFR 软件计算的 CT-FFR 值结果。

对照组 1：两名医生在 PACS 经过二级审核的 CCTA 诊断报告结果。

对照组 2：两名医生在 CAG 术中共同观察患者冠状动脉狭窄程度及 TIMI 血流分级后对缺血程度的评价结果，作为本试验的参考标准。

1.2.5 诊断标准与结局评价指标

（1）冠脉狭窄程度诊断标准

冠状动脉的狭窄程度分级根据冠状动脉疾病报告和数据系统（CAD-RADS 2.0）分为：轻微（1%～24%）、轻度（25%～49%）、中度（50%～69%）、重度（70%～99%）和闭塞（100%）。

（2）阳性结果判断标准

① CT-FFR：《冠状动脉 CT 血流储备分数应用中国专家建议》（2020 年版）推荐 CT-FFR≤0.80 为诊断心肌缺血的参考标准，故软件计算的 CT-FFR≤0.80 时为阳性结果；②CCTA：狭窄程度为中重度狭窄（＞50%），判断为缺血性狭窄，为阳性结果；③CAG：有明显胸痛症状，冠脉狭窄程度为中重度以上狭窄（≥50%）并且 TIMI 血流分级≤2 级，为阳性结果。

（3）结局指标

① 诊断效能指标：实验组与对照组诊断心肌缺血的敏感性（sensitivity）、特

异性（specificity）、阳性预测值（positive predictive value，PPV）、阴性预测值（negative predictive value，NPV）、准确率（ACC），并制作受试者工作特征（receiver operating characteristic，ROC）曲线，计算曲线下面积（area under curve，AUC）。

② 诊疗决策预判效能指标：实验组与对照组 1 的阳性结果指导下的 CAG 检查率。

1.2.6 统计方法

采用 Med calc 20.0 软件计算敏感性、特异性、准确率、阳性预测值、阴性预测值，建立受试者工作特征（ROC）曲线，并计算 ROC 曲线下面积（AUC），比较各组 AUC 差异，$p<0.05$ 表示差异有统计学意义。

1.3 评价结果

本研究共收集 184 例患者的 CAG 及 CCTA 的诊断报告及图像信息，其中有 8 名患者 CT-FFR 计算失败予以排除，最终入组 176 例患者共计 528 条血管，CAG 诊断为阳性结果的血管共 185 条，CCTA 诊断为阳性结果的血管共 247 条，CT-FFR 计算结果为阳性的血管共 183 条。

1.3.1 诊断效能结果

以 CAG 结果为金标准，计算 CCTA 及 CT-FFR 的诊断效能指标（表 7-1-1），二者 ROC 曲线下面积（AUC）相差 0.060，$p<0.05$，差异有统计学意义，ROC 曲线见图 7-1-1，典型病例图示见图 7-1-2。

表 7-1-1 实验组及对照组 1 的诊断结果比较

组别	诊断方式	敏感性/%	特异性/%	PPV/%	NPV/%	准确率/%	AUC	Z 值	p 值
对照组 1	CCTA 狭窄≥50%	91.35	78.01	68.42	94.30	82.19	0.843	3.520	0.0004
实验组	CT-FFR≤0.8	87.02	93.58	87.97	93.01	91.28	0.903		

注：PPV 为阳性预测值；NPV 为阴性预测值；AUC 为曲线下面积。

1.3.2 诊疗决策预判效能结果

CCTA 检查为阳性结果的患者通常需要进行 CAG 检查，CCTA 诊断为阳性结果的血管共 247 条，假设参考 CT-FFR≤0.8 标准，基于患者水平 CAG 的检查率可从 100%（176/176）降低至 73.29%（129/176），可降低 26.71%，基于血管水平 CAG 的检查率可从 100%（247/247）降低至 74.09%（183/247），可降低 25.91%（表 7-1-2）。

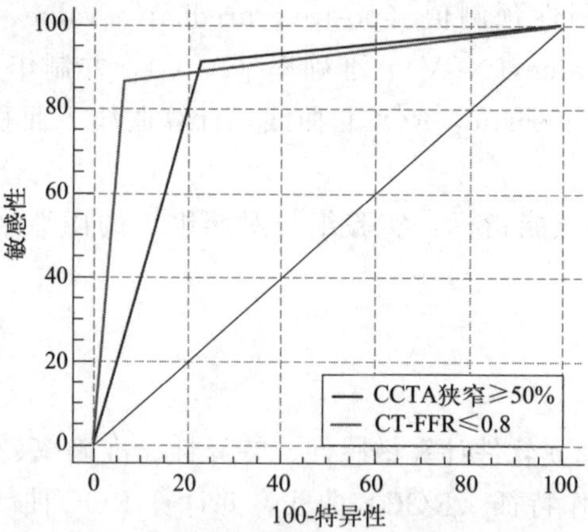

图 7-1-1 CCTA、CT-FFR 诊断心肌缺血 ROC 曲线图

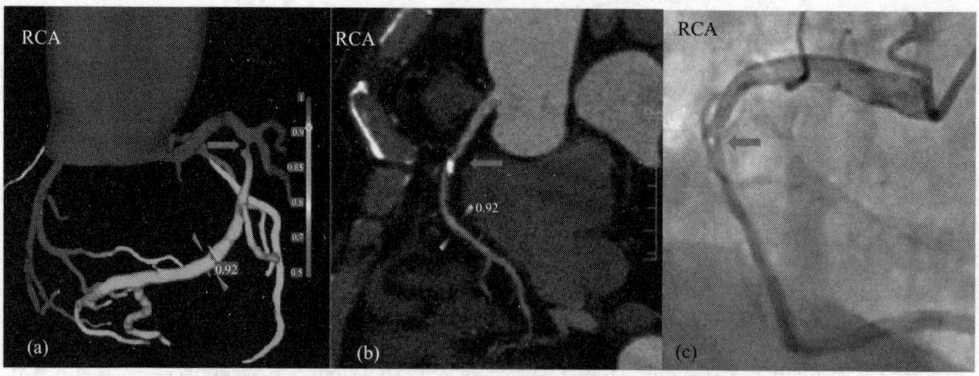

图 7-1-2 典型病例图示

(a) 右冠状动脉近段狭窄（箭头处），软件计算 CT-FFR＝0.92，无明显缺血；

(b) CCTA 检查医生诊断右冠状动脉近段分叉处钙化斑块，管腔重度狭窄；

(c) CAG 术中见右冠第一转折处约 50％狭窄，但 TIMI 血流分级为 3 级，最终诊断为无明显心肌缺血

表 7-1-2 实验组及对照组诊断结果指导下的 CAG 检查率

参考决策标准	CAG 检查率/%	
	患者水平	血管水平
CCTA 狭窄≥50％	100(176/176)	100(247/247)
CT-FFR≤0.8	73.29(129/176)	74.09(183/247)

1.4 讨论与展望

1.4.1 讨论

基于 CCTA 的冠状动脉血流储备分数测量（CT-FFR）技术是利用 CCTA 原

始图像，通过计算流体动力学模拟冠状动脉狭窄段的血流动力学状态，得到血流动力学数据，然后应用计算机软件进行数据分析，创建可以显示冠状动脉血液流速及压力的冠状动脉模型，进而计算狭窄冠脉的 FFR 值。目前已有多项大规模、多中心试验证实 CT-FFR 与压力导丝测量的 FFR 具有较好的一致性。CT-FFR 已成为冠状动脉病变无创功能学评价的一种有效方法，该技术不需要额外应用腺苷等药物，也无须使用 FFR 压力导丝进行有创介入操作。本研究评价了国产自主研发的 CT-FFR 软件用于诊断心肌缺血的价值，结果显示血管水平 CT-FFR 的准确性为 91.28%，敏感性为 87.02%，特异性为 93.58%，阳性预测值为 87.97%，阴性预测值为 93.01%，AUC 值达 0.903，验证了国产 CT-FFR 软件在诊断功能性缺血方面优于传统 CCTA，这与 DISCOVER-FLOW 研究结果是一致的。尽管 CCTA 具有较高的阴性预测值，但由于冠状动脉钙化或影像噪声等因素，其阳性预测价值受限，本研究中阳性预测值仅为 68.42%。许多本无心肌缺血的检查者因 CCTA 阳性结论而面临不必要的冠状动脉造影检查及决策困境，加重了患者的经济和心理负担，同时也增加了国家的医疗成本。

CT-FFR 值对冠心病患者的临床诊疗策略有着重要影响。尽管传统上认为解剖上的重度冠状动脉狭窄会引起心肌缺血，但研究表明，解剖狭窄与冠状动脉缺血并不总是匹配。多项研究已证明，CT-FFR 技术有助于优化医疗资源和利用。PLATFORM 项目的研究指出，在 CT-FFR 指导下选择性进行 CAG 检查和冠状动脉血运重建的治疗策略平均成本较常规医疗降低了 30%以上。一项纳入 5 千例患者的前瞻性研究结果显示，因 CT-FFR＞0.80 而取消 CAG 检查的患者，随访 90 天及 1 年后发现无一例发生心血管严重不良事件。因此，CT-FFR 被誉为有创性 CAG 检查的“看门人”。本研究结果也显示，基于 CT-FFR 的策略可降低 26.71% 不必要的 CAG 检查。然而，本研究中 CAG 检查率的降低并不显著，这可能与 CT-FFR 计算的准确性很大程度上取决于 CCTA 图像质量有关。由于本研究数据来源于真实世界，CCTA 原始图像质量存在差异，如线束硬化伪影、错层图像、运动伪影、低信噪比等都可能影响 CT-FFR 软件的计算结果，导致偏差。此外，CT-FFR 数值是在狭窄部位远段约 2 厘米处进行测量，狭窄部位位于动脉远端时管腔纤细，计算的 CT-FFR 值可能存在误差。

本研究存在以下局限性：①未纳入慢性闭塞病变，可能存在选择偏倚。②因医疗条件有限，本研究无法选用压力导丝测量的 FFR 结果作为金标准，这也可能会导致结果有一些偏差。③本研究为单中心研究，样本量有限，需进一步扩大样本量并开展多中心研究，以便更全面地推广国产 CT-FFR 软件的临床诊断应用。

1.4.2 展望

CT-FFR 技术仍存在一些问题有待改进。第一，CT-FFR 技术目前主要用于稳定的冠脉疾病的诊断，对于经皮冠状动脉介入治疗或冠状动脉旁路搭桥术后及ST段抬高型心肌梗死（ST-segment elevation myocardial infarction，STEMI）等病变的患者，其在临床应用中诊断效能降低。一些学者发现CT-FFR仅显示出中度诊断效能，CT-FFR在不同疾病状态下的准确性可能会受到影响，这将限制其临床应用的普及，是CT-FFR技术今后研究发展需要攻克的难题。第二，CT-FFR技术的计算过程高度依赖CCTA的原始图像，然而真实世界的CCTA原始图像质量参差不齐，许多如错层图像、运动伪影等问题会导致计算失败或者计算结果偏差较大。第三，冠状动脉内的血流呈动态变化，若患者血管内压发生变化、心输出量减低，以及造影剂的碘浓度、输注速率、输注量变化，CCTA影像采集时间变化等等都可能影响冠状动脉管腔内造影剂的混合，这些因素是否会影响CT-FFR的计算结果，还有待进一步的研究论证。当前，我国AI软件的研发与应用仍处于起步阶段，依然面临着诸多的挑战。

［内蒙古航天医院（内蒙古心脑血管医院）　王婷；
内蒙古自治区人民医院　夏慧琳、许靖宇］

案例 2 基于真实世界数据的 AI 软件检测结直肠异常隆起的临床使用评价

2.1 研究背景

癌症是世界范围内的主要公共卫生问题。根据 2022 年全球癌症发病率和死亡率统计，结直肠癌的发病率和死亡率在男性和女性病例中仍居高不下，如何降低结直肠癌的发病风险并提高结直肠癌的发现率是重大科学问题。结直肠癌又称大肠癌，是一种高发恶性肿瘤，目前在全球恶性肿瘤发病率中居第三位，死亡率居第四位。结直肠癌早期多无明显症状，少数仅表现为腹痛、腹胀和腹泻等，中晚期时表现为大便性质改变、腹痛、腹部肿块和肠梗阻等。结直肠癌发病率只在高度发达的国家呈现稳定下降趋势，这主要归因于全国范围内的筛查计划和结直肠镜检查接受率的提高。因此，对结直肠息肉的检查和治疗甚为重要。结直肠息肉是肠黏膜表面异常突出生长的组织，是临床常见的消化道疾病，并且有良、恶性之分，若息肉长期存在于消化道，则有可能发生恶变，因此，早发现、早治疗意义重大。目前，结直肠镜检查已成为发现和治疗结直肠息肉的首选方法。由于内镜检查本身的特点，该项检查对医生的经验要求较高，低年资医生的诊断准确率往往低于平均水平。此外，结直肠镜检查存在一定的漏诊率，这会严重影响患者的生存和预后，给患者带来巨大的经济负担。人工智能技术在消化道病变的辅助诊断方面应用广泛。尽管大量研究显示人工智能辅助诊断技术与内镜技术的结合可明显提高结直肠腺瘤的诊断准确性，但仍需进一步探究基于真实世界数据的结直肠镜下异常隆起辅助检测软件在临床使用中辅助检出结直肠息肉病变的有效性和安全性。

人工智能医疗器械（artificial intelligence medical devices，AIMD）是指产品的工作流程优化、数据处理、辅助诊断等方面采用“新一代人工智能技术”的医疗器械。我国已批准的人工智能医疗器械按其功能可分为辅助分诊、辅助检测、辅助计算、辅助诊断类医疗器械。人工智能（artificial intelligence，AI）辅助检测医疗器械是 AIMD 的一部分，是指基于计算机人工智能算法（包含模式识别和数据分析等功能），通过识别、标记、突出等方式提示医生关注可能的异常/病变区域，从而辅助临床医生做出相应诊疗决策的产品，其既有独立软件，也有嵌入式软件。其在肺 CT 检测、甲状腺超声检测、息肉内镜检测、肿瘤磁共振成像检测等方面都有较为广泛的应用。AI 辅助检测医疗器械可解决人工阅片或查看影像时主观性强、诊断标准不统一等问题，使得诊断更加客观、可靠；大幅度提高诊断的速度，降低医生工作量，提高工作效率，同时还能防止医生疲劳工作造成的漏诊、误诊，提高诊断的高效性和准确性；让年轻医生快速积累经验，降低学习成本等。

我国《医疗器械分类目录》中明确，若诊断软件通过其算法对病变进行自动识别，对病变的性质等给出临床诊断、治疗依据和/或建议的属于决策支持软件，其风险界别相对较高，按照第三类医疗器械管理，而AI辅助检测医疗器械多数属于第三类医疗器械。2023年11月，国家药品监督管理局医疗器械技术审评中心发布《人工智能辅助检测医疗器械（软件）临床评价注册审查指导原则》，明确人工智能辅助检测类产品临床试验设计需要充分评估产品的临床受益风险可接受性。国家已发布的指导原则、审评要点和行业标准，涵盖产品命名、分类界定、技术审评、体系核查等监管环节，初步建成了人工智能医疗器械指导原则体系。

真实世界证据（real-world evidence，RWE）是通过收集、分析真实世界数据（real-world data，RWD），形成产品使用、潜在风险/收益相关的临床证据。围绕相关科学问题，可综合运用流行病学、生物统计学、循证医学等多学科方法技术，利用真实世界数据开展相关研究。内蒙古自治区人民医院内镜中心是香港威尔斯亲王医院内镜中心（亚太内镜培训基地）的共建中心，内设香港中文大学校长沈祖尧院士消化系统疾病院士专家工作站，参与亚洲及泛太平洋地区15国多中心大肠癌筛查及风险评分评估项目。中心建筑面积1500平方米，各功能区布局及诊疗流程合理，环境温馨、舒适，同时充分考虑就诊者隐私保护。中心拥有国内外先进设备，资产总值超过3000万元，拥有Olympus最新全系列消化道电子内窥镜主机6套，配备高清晰电子胃镜、电子肠镜、经鼻电子胃镜、电子放大胃肠镜、电子十二指肠镜共40余条，配备电凝电切设备和氩离子凝固电切设备（氩气刀）共3台，拥有先进的信息网络系统（含叫号、监控、教学及转播等功能），可以进行远程教学、转播工作。为更好地开展消化道内镜的介入诊疗工作，在自治区内率先引进了美国GE公司生产的中型C型臂X光机，既提高了诊疗技术水平，又极大降低了手术过程中放射线对患者及医护人员的伤害风险。中心拥有一体智能化的先进消化内镜清洗消毒系统及自动洗消机系统，严格遵循国家技术规范清洗消毒消化内镜，可有效杜绝内镜诊疗过程中交叉感染的风险，确保医疗安全。同时配备麻醉复苏监测系统，保障术中及术后复苏安全性。中心现有医护人员均经过专业的内镜技术培训，取得技术操作准入资格，中心施行手术分级管理制度和准入制度。该院内镜中心作为专科平台与全院消化内外科医生密切合作并提供更多的技术支持与服务。该院内镜中心于2022年开始结合AI完成结直肠镜检查，所用软件能够自动识别并记录息肉发现的时间点、病变尺寸、位置及形态。基于此，本项目拟运用真实世界研究方法，对结直肠镜下异常隆起辅助检测软件在临床应用中的安全性及有效性进行探讨。

本项目的选题意义在于多维度评价结直肠镜下异常隆起辅助检测软件在临床应用中的有效性和安全性。通过真实世界数据的研究，进一步验证AI辅助检测软件在改善缺乏结直肠镜操作经验的医生的结直肠息肉检出情况。为提高人工智能辅助检测产品的临床使用评价工作提供参考。

2.2 研究目标

基于真实世界研究方法，采用回顾性分析方法对结直肠镜下异常隆起辅助检测的 AI 软件在临床使用过程中的安全性和有效性进行研究，分析结直肠镜医生单独检测和结直肠镜医生联合 AI 辅助检测软件在息肉检出灵敏度、特异性等方面的临床使用评价方法，以期为 AI 辅助检测软件的临床使用评价提供高质量的证据支持。

2.3 方法及技术路线

2.3.1 研究设计

基于真实世界研究的方法，对收集到的结直肠镜检的真实世界数据进行安全性和有效性研究。按照循证医学的 PICO 原则对研究内容进行分解，本研究的研究对象（P）为行结直肠镜检查患者，干预（I）为使用 AI 辅助检测软件，对照（C）为传统内镜医生单独检测，结局（O）为隆起性病变检出符合率及 AI 辅助检测软件额外检测出的隆起性病变等。研究技术路线图见图 7-2-1。

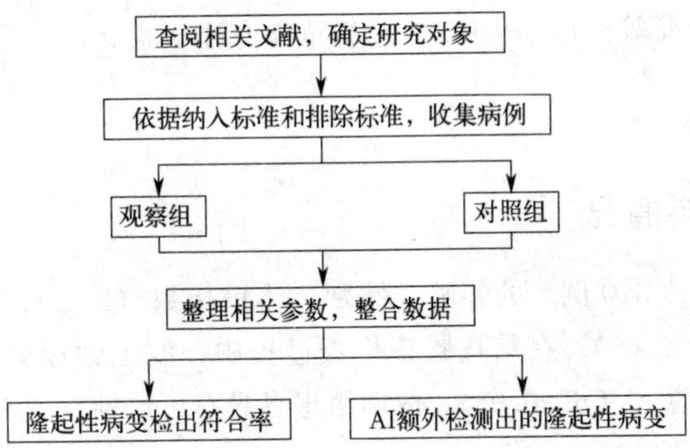

图 7-2-1 技术路线图

2.3.2 数据来源及入排标准

（1）数据来源

收集 2023 年 11 月—2024 年 4 月行结直肠镜检查的人群资料，根据是否采用 AI 辅助诊断，分为观察组和对照组。观察组为带有实时人工智能辅助检测系统的结直肠镜检查，对照组为普通结直肠镜检查，记录每个息肉病变发现的时间点、病变尺寸、位置、形态。研究使用的结直肠镜主机及电子结直肠镜为奥林巴斯 CF-Q290、260、240。

（2）入排标准

纳入标准：①年龄≥18 周岁，性别不限；②行结直肠镜检查、资料完整者。

排除标准：①结直肠癌史患者、已知的胃肠道息肉综合征患者；②肠梗阻患者；③炎症性肠病患者。

禁忌证：下消化道严重梗阻；肠道准备不充分者。

（3）确定评价指标

主要结局指标：结直肠息肉检出率；

$$结直肠息肉检出率=\frac{阳性患者人数}{入组人数}\times 100\%$$

次要结局指标：①阳性患者平均息肉检出数；②单次结直肠镜检查息肉检出数。

$$阳性患者平均息肉检出数=\frac{息肉总数}{阳性患者人数}$$

$$单次结直肠镜检查息肉检出数=\frac{结直肠镜检出息肉总数}{结直肠镜检查次数}$$

（4）统计学方法

本研究采用 SPSS 23.0 统计软件进行数据分析，符合正态分布的计量资料以均数±标准差（$\bar{x}\pm s$）表示，组间比较用独立样本 t 检验，具体内容包括年龄、退镜时间等；计数资料以频数（百分数）进行描述，采用卡方检验，如性别、BMI、吸烟、息肉检出情况等。以 $p<0.05$ 为差异有统计学意义。

2.4 研究结果

2.4.1 基线资料情况

两组患者（共计 610 例）的年龄、性别、体重指数（BMI）、吸烟及饮酒等差异无统计学意义（$p>0.05$）；在结直肠镜检查过程中，波士顿评分及平均退镜时间方面的差异无统计学意义（$p>0.05$），故两组患者具有可比性（表 7-2-1）。筛选研究对象的流程图详见图 7-2-2。

表 7-2-1 患者基线资料及结直肠镜检查程序特征

组别	对照组($n=316$)	观察组($n=294$)	p 值
年龄/岁($\bar{x}\pm s$)	56.06±7.15	57.13±7.35	0.069
性别[n(%)]			0.878
男	141(44.62%)	133(45.23%)	
女	175(55.38%)	161(54.77%)	
BMI[n(%)]			0.268
<25	182(57.59%)	176(59.86%)	
25～30	121(38.29%)	99(33.67%)	
≥30	13(4.12%)	19(6.47%)	

续表

组别	对照组(n=316)	观察组(n=294)	p 值
检查时间[n(%)]			0.461
上午	140(44.30%)	139(47.28%)	
下午	176(55.70%)	155(52.72%)	
波士顿评分[n(%)]			0.293
<6	53(38.97%)	59(20.06%)	
≥6	263(61.03%)	235(79.93%)	
吸烟[n(%)]			0.209
现在吸烟	41(12.97%)	53(18.02%)	
否	259(81.96%)	225(76.53%)	
曾经吸烟	16(6.07%)	16(5.45%)	
饮酒[n(%)]			0.345
是	40(12.65%)	45(15.30%)	
否	276(87.34%)	249(84.70%)	
退镜时间/s($\bar{x}\pm s$)	535.00±242.90	558.34±269.40	0.263

注：体重指数（body mass index，BMI）=体重（kg）/身高（m）^{2}。

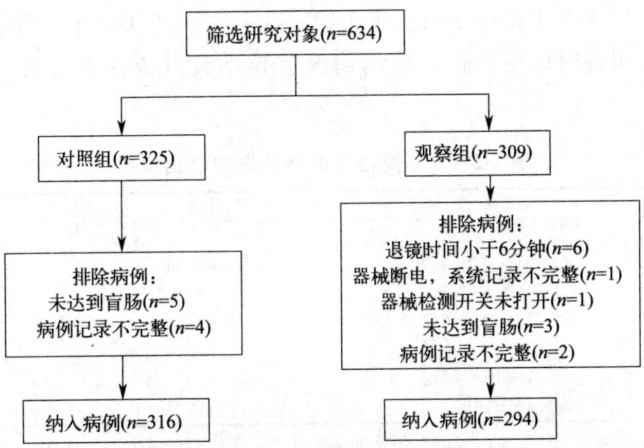

图 7-2-2　筛选研究对象流程图

2.4.2　两组息肉检出率情况

如表 7-2-2 所示，对照组共纳入研究对象 316 例，其中阳性患者 118 例，息肉检出率为 37.34%；观察组共纳入 294 例，其中阳性患者 134 例，息肉检出率为 45.58%。与传统结直肠镜相比，观察组息肉检出率显著提高，二者差异具有统计学意义（$p<0.05$）。

表 7-2-2　对照组与观察组息肉检出率比较

息肉检出结果	对照组	观察组	p 值
阳性患者[n(%)]	118(37.34%)	134(45.58%)	0.039
阴性患者[n(%)]	198(62.66%)	160(54.42%)	

2.4.3 两组次要结局指标情况

如表 7-2-3 所示，对照组阳性患者平均息肉检出数为 1.3 枚，观察组阳性患者平均息肉检出数为 1.2 枚，二者差异不具有统计学意义。对照组单次检查息肉检出数为 0.5 枚，观察组单次息肉检出数为 0.6 枚，差异不具有统计学意义（$p>0.05$）。

表 7-2-3 对照组与观察组次要结局指标比较

次要结局指标	对照组	观察组	p 值
阳性患者平均息肉检出数/枚	1.3	1.2	0.812
单次结直肠镜检查息肉检出数/枚	0.5	0.6	0.051

2.4.4 两组不同检查时间息肉检出情况

对照组共检出息肉 149 枚，其中上午检出 61 枚，下午检出 88 枚；观察组共检出息肉 167 枚，其中上午检出 76 枚，下午检出 91 枚；两组差异无统计学意义。研究还针对上午第一小时、上午第四小时、下午第一小时、下午第四小时分别进行检出息肉数统计，结果表明各时间段的息肉检出情况差异不具有统计学意义（$p>0.05$），如表 7-2-4 所示。

表 7-2-4 不同检查时间的息肉检出情况

检查时间	对照组	观察组	p 值
上午[n(%)]	61(40.94%)	76(45.51%)	0.413
第一时间[n(%)]	4(2.68%)	2(1.20%)	0.495
第四时间[n(%)]	16(10.74%)	22(13.17%)	
下午[n(%)]	88(59.06%)	91(54.49%)	
第一时间[n(%)]	16(10.74%)	14(8.38%)	0.430
第四时间[n(%)]	8(5.38%)	4(2.39%)	

注：上午第一小时为 8：00 至 9：00，上午第四小时为 11：00 至 12：00；下午第一小时为 14：30 至 15：30，下午第四小时为 17：30 至 18：30。

2.4.5 两组息肉检出特征情况

对所检出息肉的位置、大小进行统计分析，结果如表 7-2-5 所示。从两组检出息肉的位置来看，左半结肠息肉检出数多于其他位置，两组息肉位置分布差异无统计学意义（$p>0.05$）。在息肉大小方面，1～5mm 的小息肉数量最多，两组在息肉大小方面的差异无统计学意义（$p>0.05$）。

表 7-2-5 对照组与观察组息肉检出特征比较

息肉检出特征	对照组($n=149$)	观察组($n=167$)	p 值
位置[n(%)]			0.736
右半结肠	37(24.83%)	44(26.35%)	

续表

息肉检出特征	对照组(n=149)	观察组(n=167)	p 值
横结肠	31(20.81%)	29(17.37%)	
左半结肠	81(54.36%)	94(56.28%)	
大小[n(%)]			0.230
1～5mm	80(53.69%)	102(61.08%)	
6～10mm	60(40.27%)	53(31.74%)	
＞10mm	9(6.04%)	12(7.18%)	

2.4.6 两组息肉病理分型情况

对所检出的 316 枚息肉（其中对照组 149 枚、观察组 167 枚）均进行病理学检查，两组检出的腺瘤性息肉均较多（表 7-2-6）。两组检出的腺瘤性、增生性及炎性息肉数量的差异无统计学意义。但对照组所检测的息肉中经病理学检查确定为黏膜性息肉的占比为 10.07%，观察组经病理学检查确定为黏膜性息肉的占比为 19.76%，两者差异有统计学意义（$p=0.017$）。进一步对腺瘤性息肉进行详细分类，以管状腺瘤占比较大，且两组差异无统计学意义（$p>0.05$）。

表 7-2-6 对照组与观察组中息肉病理分型比较

息肉病理分型	对照组(n=149)	观察组(n=167)	p 值
腺瘤性[n(%)]	112(75.17%)	114(68.26%)	0.175
增生性[n(%)]	13(8.72%)	9(5.39%)	0.245
炎性[n(%)]	8(5.37%)	5(2.99%)	0.289
黏膜性[n(%)]	15(10.07%)	33(19.76%)	0.017
不确定[n(%)]	1(0.67%)	6(3.59%)	0.125

2.4.7 AI 识别分类情况

观察组在实时人工智能辅助检测过程中，共识别 1116 个错误。错误类别主要包括气泡、皱襞、食物残渣及粪便。其中，以气泡（37.46%）和皱襞（36.74%）的错误识别次数最多（表 7-2-7）。

表 7-2-7 AI 识别错误情况

项目	观察组
息肉数目	167
错误识别类型[n(%)]	1116(100.00%)
气泡	418(37.46%)
皱襞	410(36.74%)
食物残渣	26(2.33%)
粪便	262(23.47%)

2.5 讨论

本研究通过对真实世界数据中人工智能辅助检测系统的临床数据进行分析，将

AI 辅助结直肠镜检查与传统结直肠镜检查进行比较，结果显示前者息肉检出率更高。研究期间未发生由该系统导致的不良事件，表明其有一定安全性和有效性。

为进一步验证不同时间段结直肠镜检查的息肉检出率是否存在差异，本研究还比较了不同时间段的息肉检出率，结果表明差异不具有统计学意义。可能因为患者数量未超出内镜医生工作强度，因此不同时间段两组的息肉检出率差异也不具有统计学意义。

结直肠镜检查中，息肉被漏诊还与其形态及大小有关。本研究发现，小而扁平的息肉数量较多，因此 AI 辅助检测产品的机器学习应提高对小而扁平的息肉的识别效率及精度。

（内蒙古自治区人民医院　张晓燕、白玉）

参考文献

[1] 国家卫生健康委员会．医疗器械临床使用管理办法［Z］．国家卫生健康委令第 8 号，2021.

[2] 国家药品监督管理局．真实世界数据用于医疗器械临床评价技术指导原则（试行）［Z］．2021.

[3] 国家药品监督管理局药品审评中心．用于产生真实世界证据的真实世界数据指导原则（试行）［Z］．2021-04-13.

[4] 国家药品监督管理局药品审评中心．真实世界证据支持药物研发与审评的指导原则（试行）［Z］．2020-01-07.

[5] 国家卫生健康委员会，国家中医药管理局．医疗机构医用耗材管理办法（试行）［Z］．2019-06-06.

[6] 马丽平，李斌，范医鲁，等．医疗机构医学装备管理工作规范专家共识［J］．中国医院建筑与装备，2025，26（07）：27-31.

[7] 马丽平，谢松城．医疗设备使用质量检测技术指南［M］．北京：化学工业出版社，2024.

[8] 国家卫生健康委医院管理研究所，马丽平．中国医疗器械临床使用管理发展报告［M］．北京：人民卫生出版社，2023.

[9] 国家卫生健康委医院管理研究所，马丽平．基于真实世界证据的医疗器械临床使用评价指南［M］．北京：化学工业出版社，2022.

[10] 郭云剑，马丽平，刘琦，等．基于 10 年发展现状对医疗器械临床使用评价指标体系框架构建的探讨［J］．中国医疗管理科学，2022，12（06）：5-10.

[11] 王巍，马丽平，费晓璐，等．对医用耗材进行真实世界研究的思考［J］．中国医院，2021，25（03）：12-15.

[12] 马丽平，谢松城．医用耗材使用安全风险管理［M］．北京：清华大学出版社，2021.

[13] 费晓璐，马丽平，尉俊铮，等．基于真实世界数据的中心静脉输注工具评价及应用［J］．中国医院管理，2021，41（04）：60-64.